本书得到教育部人文社会科学规划基金项目（19YJAZH010）和西北民族大学中央高校“一优三特”重大培育项目（31920180119）的资助

复杂网络的搜索策略与动力学行为模型

Search Strategy and Dynamical Behavior Model for Complex Networks

邓凯英◎著

科学出版社
北京

内 容 简 介

近年来，复杂网络的研究领域不断扩展，其应用领域也比较广泛。本书着眼于复杂网络搜索策略和动力学行为研究中已经取得的主要进展，介绍了笔者在复杂网络领域研究的有关工作。全书包括 9 章，其中第 1—2 章介绍了复杂网络的基础知识和基本理论，第 3—6 章介绍了复杂网络搜索策略、搜索引擎的设计与实现、搜索方法及藏文搜索引擎的设计，第 7—8 章介绍了复杂网络动力学行为模型和应用案例，第 9 章对全书内容进行了总结与展望。

本书可供相关专业的研究生以及网络信息搜索领域的科研人员参阅。

图书在版编目(CIP)数据

复杂网络的搜索策略与动力学行为模型 / 邓凯英著. —北京：科学出版社，2021.12

ISBN 978-7-03-070511-2

Ⅰ. ①复… Ⅱ. ①邓… Ⅲ. ①计算机网络-研究 Ⅳ. ①TP393

中国版本图书馆 CIP 数据核字(2021)第 224650 号

责任编辑：崔文燕 冯雅萌 / 责任校对：王晓茜

责任印制：李 彤 / 封面设计：润一文化

科 学 出 版 社 出版

北京东黄城根北街 16 号

邮政编码：100717

http://www.sciencep.com

北京建宏印刷有限公司 印刷

科学出版社发行 各地新华书店经销

*

2021 年 12 月第 一 版 开本：720 × 1000 1/16

2022 年 9 月第二次印刷 印张：13 1/2

字数：240 000

定价：89.00 元

(如有印装质量问题，我社负责调换)

前 言

现实生活的众多领域中存在着各式各样的复杂网络，复杂网络搜索问题是复杂网络理论研究中的重要课题之一，对人们的生活具有重要的现实意义。现实世界中的大量网络具有动态性和随机性，复杂网络的搜索常常作为一个基本工具用于解决一些优化问题。研究复杂网络的动力学过程能够帮助我们解决很多现实问题，如预测社会网络关系和朋友关系，控制谣言、计算机病毒和生物病毒传播，解释掌声同步、动物同步现象等。

本书第1—6章主要介绍了复杂网络的基本概念和搜索策略，包括面向藏文网页的搜索策略、改进的搜索算法、藏文搜索引擎的设计等；第7—8章主要介绍了复杂网络搜索的动力学行为模型，同时还包括复杂系统中的数值方法和应用案例；第9章对全书内容进行了总结，并对研究前景进行了展望。各章主要内容如下。

第1章介绍了复杂网络研究简史和基本结构参量。

第2章介绍了复杂网络模型和相关数学理论。

第3章介绍了面向藏文网页的搜索过程，包括藏文网络链接结构和搜索方法等。

第4章介绍了基于分布式爬虫框架Scrapy的搜索引擎设计与实现，该章节以Python为主体设计语言，通过分析各个框架原理、核心模块、工作流程，完成一个完整的搜索系统。

第5章介绍了幂律机制，建立了空间和时间耦合的随机网络搜索模型，介绍了布谷鸟搜索算法的具体过程，改进了布谷鸟搜索算法并进行了实验验证。

第6章介绍了藏文信息搜索技术研究现状、藏文分词和聚类方法、对藏文网络进行预处理并建立系统功能模块等内容。

第7章介绍了复杂网络动力学行为模型，包括生成幂律分布的随机变量、等分布网格算法和复杂网络中的数值方法。

第8章介绍了动物的觅食行为、地震营救模型的建立和地震搜救过程模拟等内容。

第9章对全书内容进行了总结与展望。

由于笔者水平有限，书中难免存在不足之处，欢迎读者批评指正。

邓凯英

2020年3月

目 录

复杂网络的搜索策略与动力学行为模型

第1章 引 论

1.1 引 言

现实生活中的生物网络、食物链网络、互联网、交通网、电力网络、社会网络等均拥有相对复杂的拓扑结构，其动力行为具有动态性和多样性。Watts 和 Strogatz 创造性地构建了小世界网络（small-world networks）模型[1]以及 Barabási 和 Albert 构建了 BA 网络演化模型[2]，由此掀起了复杂网络的研究热潮。

随着工业和科技的快速发展，复杂网络的形式和模型也在发生着变化。在这些不断变化的不确定系统中，很多问题的解决方法和处理手段都有着共性。这些问题本质上都可以被看成是一个搜索问题[3]，我们可以把这些搜索问题归结为复杂网络中的搜索问题。传统的网络搜索[4]往往将固定系统作为研究对象，导致其无法满足现有复杂网络的实际应用需求。

复杂网络中的节点属性呈动态变化，因此，分析网络的全局行为是非常困难的，对其进行研究具有很高的应用价值，科研人员也在不断地寻求着高性能的搜索策略。目前的研究重点是怎样使网络搜索更加有效、准确与迅速。研究人员已经找到了社会网络和随机网络（random networks）、规则网络（regular networks）不一样的拓扑性质。Watts 和 Strogatz 设计了小世界网络模型，使“六度分离”特性得到深入解读，而实际网络内的无标度特征被 Albert 发现。对复杂网络进行搜索的算法有广度优先搜索算法与深度优先搜索算法，这两种搜索算法的搜索效率都不太理想，主要是很容易产生大量的查询消息流量，造成网络流量的急剧增加，从而导致网络拥塞[5]或者是不符合用户的需求。宽度优先搜索(breadth-first-search)是网络中常见的搜索算法之一[6]，与随机游走(random walk) 算法属于同一种深度优先搜索算法[7]，这两种算法中，根据单个节点无法知道整个网络的拓扑结构，甚至不知道目标文件存在的节点位置。最大度搜索（high degree searching，HDS）[8]是基于幂律的搜索算法。在每个节点都认识自己的邻居并知道每个邻居的度的条件下，应用最大度搜索策略在网络中的节点上可以寻找指定的文件或者数据。

通过对复杂网络搜索策略的研究，可以将相关的研究成果应用于解决现实中存在的很多问题(尤其是很多优化问题)，这也是科研人员追求的目标。这有利于人们重新认识这个纷繁复杂的世界，并且更加清楚地了解和认识复杂网络的特殊行为，使复杂网络的理论和技术朝着有利于人类进步的方向不断发展。

1.2 复杂网络研究简史

复杂网络是近年来国内外学者研究的一个热点问题。对网络的研究最早可以追溯到 18 世纪伟大数学家欧拉提出的著名的“Konigsberg 七桥问题”。随后两百多年中，各国的数学家一直致力于对简单的规则网络和随机网络进行抽象的数学研究。规则网络因过于理想化而无法表示现实中网络的复杂性，20 世纪 60 年代，Erdos 和 Rényi 提出了随机网络[6]。进入 20 世纪 90 年代，人们发现现实世界中绝大多数的网络既不是完全规则的，也不是完全随机的，于是提出了一些更符合实际的网络模型。此时，国际上有两项开创性工作掀起了一股研究复杂网络的热潮：一是 Watts 和 Strogatz 在 *Nature* 上发表了一篇文章，提出了小世界网络模型，也称 WS（Watts-Strogatz）模型。该模型既具有规则网络的高聚类性，又具有类似随机网络的小的平均路径长度。二是 Barabási 和 Albert 在 *Science* 上发表了一篇文章，提出了 BA（Barabási-Albert）网络演化模型。他们认为，现实世界中大多数的复杂系统是动态演化的，是开放自组织的，实际网络中的无标度现象来源于两个重要因素，即增长机制和优先连接机制。

近年来，复杂网络的研究已经成为很多领域，尤其是交叉学科领域的研究热点之一。信息搜索是帮助人们快速、准确地获取所需信息的技术。地理信息搜索是指在互联网、数据库或数字图书馆等数字资源中检索跟地理位置有关的信息，并对搜索结果按某种方式进行排序，从而找到有用的信息。这些紧密相关的数据和信息可以用复杂网络来描述，网络中的节点往往只能通过相邻节点的相关信息或者近邻节点的局部信息进行搜索，而现实中的网络通常是相当复杂的，加之人们对复杂网络的拓扑结构和演化机制的认识还存在局限，很难像交通网中的一张地图那样准确标出各个节点之间的连接关系。因此，在复杂网络搜索算法研究中，如何在提高网络搜索速度的同时，增加搜索过程中所产生的有效信息，进而设计出更为行之有效的搜索策略，就成为科研人员不断探讨和深入研究的内容。

1.3 基本结构参量

随着对复杂网络的深入研究，人们提出了许多关于复杂网络的概念和度量方法，用于表示复杂网络的结构特性，现在普遍通过研究网络的静态统计量特征，来确定网络的性质和实际意义。目前，用来刻画现实网络宏观结构统计特征的静态统计量主要有平均路径长度、集聚系数、网络的度与度分布、介数以及网络弹性等。力求更加详细和全面地描述复杂的现实网络，寻找网络的各种宏观统计性质的微观生成机制是网络研究中极具意义和挑战性的事情。

1.3.1 度分布

度分布是图论和复杂网络理论中的基本概念。一个图（或网络）由一些顶点（节点）和连接它们的边（联结）构成。每个顶点（节点）连出的所有边（联结）的数量就是这个顶点（节点）的度。度分布是对一个图（网络）中顶点（节点）度数的总体描述。对于随机图，度分布指的是图中顶点度数的概率分布。

网络的度分布是描述网络性质的一个重要的静态特征统计量。度分布是网络的一个重要统计特征，是用来描述网络局部特性的基本参数，用 k_i 表示。网络中一个节点的度是指连接到这个节点的其他节点的数目[9]。节点 i 的度是与一个节点相关联的边的个数，对于有向网络，节点的度又可分为节点的入度和节点的出度，其中入度是指向给定节点的弧的数量，出度是从给定节点出发的弧的数量。例如，在科技引文网络中，节点的入度是指该文献被引用的次数，节点的出度是指该文献引用其他文献的数量。网络的度在不同的网络中所代表的含义也不同，一个节点的度越大，则意味着这个节点在某种意义上就越重要。例如，在社会网络中，网络的度可以表示个体的影响力和重要程度，度越大，个体的影响力也就越大，在整个组织中的作用也就越大。

复杂网络研究的一个重要内容就是要揭示所有节点的度所满足的统计规律性。图论中节点 i 的度为 k_i，用来表示节点 i 连接的边的数目，所有节点 i 的度 k_i 的平均值被称为网络平均度，用 $<k>$ 来表示[10]，公式为

$$<k>=\frac{1}{N}\sum_{i}k_i=\frac{2M}{N} \tag{1.1}$$

其中，M 和 N 分别表示网络的边数和节点数。

网络中节点的度的分布情况可以用一个分布函数 $P(k)$ 来表示，$P(k)$ 为一个随机选择的节点的度恰好有 k 条边的概率，也等于网络中度数为 k 的节点的个数占网络节点总个数的比值。网络节点度的分布函数反映了网络的宏观统计性质，理论上可以用度分布计算出其他表征全局特性的量化数值。

1.3.2 平均路径长度

网络中的两个节点 i 和 j 之间的路径长度 l_{ij} 的定义为连接这两个节点的最短路径上的边数[10]。在复杂网络研究中，一般定义两个节点之间的距离为连接两者最短路径边的数目，网络的直径为任意两个节点间的最大距离，而网络的平均路径长度是指所有节点对之间距离的平均值，它描述了网络中节点间的平均分离程度，而且能够较好地衡量复杂网络的疏密程度，描述了网络的随机性和动态性。复杂网络研究的一个重要发现是绝大多数大规模现实网络的平均路径长度比想象的要小得多，这被称为小世界效应[11]。如果相对于随机网络来说平均路径长度的值越大，则该网络的动态性就越小，其随机性也就越大。网络中的任意两个节点之间路径的最大值被称为网络的直径，即 $D=\max_{i,j} l_{ij}$。网络的平均路径长度 L 的定义为任意两个节点之间距离的平均值，即

$$L = \frac{1}{\frac{1}{2}N(N+1)} \sum_{i \geqslant j} d_{ij} \quad (1.2)$$

其中，d_{ij} 表示节点间距离，N 表示网络中的节点数。

1.3.3 集聚系数

集聚系数 C 也叫作簇系数，被用来描述网络中节点周围的连接情况，是网络中的另一个重要参数。它衡量的是网络中任意一个节点的邻居节点之间相连接的平均可能性，即网络的疏密程度。例如，在社会网络中，你朋友的朋友可能也是你的朋友，或者你的两个朋友可能彼此也是朋友。

集聚系数的计算方法[12]是，假设节点 i 通过 k_i 条边与其他 k_i 个节点相连接，如果这 k_i 个节点都相互连接，那么它们之间存在 $\frac{1}{2}k_i(k_i-1)$ 条边，而这 k_i 个节点之间实际存在的边数只有 E_i 的话，则它与 $\frac{1}{2}k_i(k_i-1)$ 之比就是节点 i 的集聚系数，网络的集聚系数就是整个网络中所有节点集聚系数的平均值

$$C_i = \frac{E_i}{\frac{1}{2}k_i(k_i-1)} = \frac{2E_i}{k_i(k_i-1)} \quad (1.3)$$

这些现实的复杂网络并不是完全随机的，而是在某种程度上具有社会关系网络中的物以类聚、人以群分的一些特性。

1.3.4 介数

在社会网络中，有的节点的度虽然很小，但是该节点很可能是某两个社团的中间联系人，如果删除该节点，就会导致两个社团的联系被迫中断，因此该节点在网络中起到非常重要的作用。对于这样的关键节点，我们就需要定义新的衡量指标，由此引出了网络的重要全局几何量，也就是介数。

网络的介数和度都是描述网络拓扑结构的重要参数，不同之处在于节点的度描述的是单个节点或边对网络的影响。介数分为节点介数和边介数[13]，节点介数为网络中的所有最短路径经过该节点的次数；边介数的含义与节点介数的

含义类似，是网络中的所有最短路径必须经过此边的次数。介数反映了相应的节点或者边在整个网络中的作用和影响力，这对于在现实网络中发现和保护关键资源具有重要意义。另外，网络拓扑还有其他重要的特征，如大型连通分支的规模[14]是指图中节点间相互连接的最大子图的节点数，节点对之间的连接跳数[15]是指两个节点之间的某条路径中含有的中间节点数。

参考文献

[1] Watts D J, Strogatz S H. Collective dynamics of 'small-world' networks. Nature, 1998, 393(6684): 440-442.

[2] Barabási A L, Albert R. Emergence of scaling in random networks. Science, 1999, 286(5439): 509-512.

[3] Lv Q, Cao P, Cohen E, et al. Search and replication in unstructured peer-to-peer networks. ACM Sigmetrics Performance Evaluation Review, 2002, 30(1): 258-259.

[4] Adamic L A, Lukose R M, Huberman B A. Local Search in Unstructured Networks. Handbook of Graphs and Networks. New York: ACM Press, 2003: 295-317.

[5] Dijkstra E W. A note on two problems in connection with graphs. Numerische Mathematik, 1959, 1(1): 269-271.

[6] Floyd R W. Algorithm 97: Shortest path. Communications of the ACM, 1962, 5(6): 345.

[7] Cherkassky B V, Goldberg A V, Radzik T. Shortest paths algorithms: Theory and experimental evaluation. Mathematical Programming, 1996, 73(2): 129-174.

[8] Deo N, Pang C Y. Shortest-path algorithms: Taxonomy and annotation. Networks, 1984, 14(2): 275-323.

[9] Wang X F, Chen G R. Critical dynamics of the kinetic glauberising model on hierarchical lattices. IEEE Circuits and Systems Magazine, 2003, 3(1): 6-20.

[10] Newman M E J. The structure and function of complex networks. SIAM Review, 2003, 45: 167-256.

[11] Goh K I, Oh E, Kahng E, Kim D. Betweenness centrality correlation in social networks. Physical Review, 2003, 67(1): 017101.

[12] Pette H. Form and function of complex network. Sweden: Umea University, 2004.

[13] 刘强，方锦清，李永等. 探索小世界特性产生的一种新方法. 复杂系统与复杂性科学，2005, 2(2): 13-19.

[14] Aiello W, Chung F, Lu L. A random graph model for massive graphs. Proceedings of the 32nd Annual ACM Symposium on Theory of Computing, Association of Computing Machinery, New York, 2000: 171-180.

[15] Faloutsos M, Faloutsos P, Faloutsos C. On power-law relationships of the internet topology. ACM Sigcomm Computer Communication Review, 1999, 29(4): 251-263.

第 2 章

相关理论及技术

2.1　复杂网络理论概述

现如今，复杂系统广泛存在于自然、地理、生物、社会和工程技术等领域，系统的功能、结构和动力学之间存在着极其密切的关系。复杂网络理论研究现实世界中看似毫不相关的复杂网络之间的性质和机理。事实上，这些看似互不相关的网络之间存在着众多相似之处，有时还存在着千丝万缕的联系。复杂网络的理论和实践研究也为其他相关学科的发展提供了新的研究思路和视角，并注入了活力。

复杂系统可以被看作一些节点按照一定的规则和关系连接在一起构成的系统。由于现实系统规模庞大，系统各要素之间的相互关系抽象且复杂，因此，复杂系统的建模是一项非常重要且具有挑战性的课题。近年来的研究表明，复杂网络已经成为学术界公认的研究最广泛的交叉学科之一。很多复杂网络中的信息是随机的，是实时变化、不断更新的，人们也没有深刻理解复杂网络中各个部分之间的相互作用和存在的必然联系，传统上对网络的度分布、平均路径长度、聚集系数等性质的研究有一定的局限性。

随机网络一直被公认为是描述现实系统最合适的网络，但是，随着计算机技术的快速发展，人们有能力获取并处理规模庞大且种类繁杂的复杂网络数据，进一步，人们又发现，大量的真实网络其实是分别具有随机网络和规则网络的一些统计特性的网络，这就使得科研人员有兴趣进一步探索复杂网络各要素间的变化机理和特性。网络中的节点以及结构具有复杂性，而且这些复杂因素之间也是相互影响的。由于大多数复杂网络中节点的度是随机实时变化的，在复杂网络演化的过程中，通常把节点度的变化过程看作一个随机过程。基于随机模型和随机理论研究复杂网络的结构特性是一种新的研究思路和方法。本书中介绍的方法以随机理论为主，以期进一步揭开复杂网络搜索过程的面纱。

2.2 几种智能路径搜索算法

优化技术是一种以数学为基础，用于求解问题优化解的应用技术[1]。然而，由于实际问题的复杂性，对大量优化问题进行求解是非常困难的。为了更加有效地解决某一类复杂优化问题，自 20 世纪 80 年代以来，研究者相继提出了一系列近似优化算法，这些算法在解决一些复杂优化问题时发挥了重要的作用并取得了良好的效果。这类算法具有一些相似的特性，即它们都是将人类或其他生物的行为方式或物质的变化形态作为背景，通过数学抽象而建立起来的算法模型，并通过计算机来求解最优化问题，通常我们也把这些算法称为智能优化算法或元启发式算法。

2.2.1 模拟退火算法

1953 年，Metropolis 首次提出了一种启发式随机搜索方法，即模拟退火（simulated annealing，SA）算法。该算法的思想来源于实际的物理退火过程，是对固体降温过程的模拟[2-3]。金属物体在被加热至一定的温度后会熔化，其所有分子在状态空间中自由运动。随着温度的下降，这些分子逐渐停留在不同的状态，经过一个较长的时间过程后，分子重新以一个最小能量状态形成晶格结构。模拟退火算法将这一过程对应于实际组合优化问题的局部搜索算法，其中问题的解集对应于物理系统的状态，目标函数对应于金属的物理能量，而最优解则对应于最小能量状态。模拟退火算法的运行过程可以被看成是：在一个给定的温度，搜索从一种状态随机变化到另一种状态，到达每一种状态的次数服从一个概率分布，当温度很低时，搜索以概率1停留在最优解。

模拟退火算法考虑了固体物质退火过程和组合优化问题之间的相似性。物质在加热的过程中，粒子间的布朗运动不断增强，当温度达到一定值时，固体物质就会转化成液态，此时再进行退火，粒子热运动逐渐减弱，通过降温逐渐达到平衡有序状态，直至最后达到稳定状态，这个过程被称为退火。但是，当温度降低速度过快时，能量就不能被降到最低点，这个过程被称为淬火。

模拟退火算法在考虑随机因素的同时，还引入了物理系统退火过程的产生机理。它通过采用Metropolis的抽样准则随机找到最优解，并且整个降温过程是不断重复抽样的，直到产生近似最优解为止。

虽然模拟退火算法有其天然优势，但仍然明显地存在以下几点不足：①如果降温速度慢到一定程度，则解的质量会较高，但是，这会影响算法的收敛性，降低收敛速度；②如果降温速度较快，就很难得到全局最优解；③该算法对控制参数有很强的依赖性，而且当搜索规模比较大时，优化时间相对较长。

2.2.2 遗传算法

遗传算法(genetic algorithm, GA)[4]由美国密歇根大学Holland教授于1969年首次提出。该算法是主要借用生物进化中的“适者生存”规律，利用生物领域中的遗传变异思想，根据进化论和遗传机制演化而来。其中，选择、交叉和变异构成了遗传算法的遗传操作。遗传算法能够解决很多种类的实际问题，并且具有广泛的应用价值。现如今，遗传算法已经被成功应用于自动控制、计算科学、模式识别、智能故障诊断等领域。该算法能够有效解决复杂的非线性寻优问题，对多维空间的寻优问题也有借鉴意义。虽然遗传算法在许多领域中被成功应用，但是它也有自身的不足，比如，局部搜索能力不强、收敛性较差。该算法虽然能够依靠较强的全局收敛性加快搜索速度以到达最优解附近，但是需要较长的时间才能找到最优解。

遗传算法主要包含以下步骤：①对优化问题的解进行编码；②根据优化问题的目标函数构造适应度函数；③染色体的选择、交叉和变异；④算法迭代直到满足设定的停止条件为止。

2.2.3 蚁群优化算法

蚁群优化（ant colony optimization，ACO）算法由意大利学者 Dorigo 等于 1991 年首先提出[5-7]。该算法是一种模拟蚂蚁觅食行为的智能优化算法，其灵感来源于蚂蚁在寻找食物的过程中发现路径的行为。自然界中的蚂蚁虽然视觉不发达，但是能够在没有任何提示的情形下找到从食物到蚁巢的最短路径，并且在环境发生变化时能够自适应地调整路线，这一点引起了人们的好奇，人们通过研究得出了一些有用的结论。蚁群优化算法的基本思想是模拟真实蚂蚁依赖信息素进行间接通信而显示出来的社会行为，研究表明，单个蚂蚁表现出来的智能较低，而作为群体的蚂蚁却能够表现出较高的智能。蚂蚁在行动中会在它们经过的地方留下一些化学物质，这些物质被称为“信息素”，这些物质的浓度可以被同一蚁群中后到的蚂蚁感受到，并作为一种信号影响后者的行动，蚂蚁选择具有较浓信息素路径的可能性比选择具有较淡信息素路径的可能性更大，后到者留下的信息素会对原有信息素的浓度进行加大，这样越短的路径就会逐渐被越多的蚂蚁选择，此过程持续进行，直到所有的蚂蚁都选择最短的那一条路径为止。

在蚁群优化算法中，人工蚂蚁之间通过正、负两个反馈过程进行间接通信协作。其中正反馈过程通过蚂蚁释放在较优解上的信息素来实现，而负反馈过程则通过网络中所有边上的信息素的蒸发来实现。信息素的蒸发使得任何一条路径在路径搜索过程中都不会占据绝对的优势地位，从而避免优化算法的早熟。

蚁群优化算法是一种并行算法，虽然蚂蚁的行走方式是独立的，没有任何监督机构对其进行监督，然而，各个蚂蚁之间存在着一种协作机制，那就是“信息素”，蚂蚁个体之间依据信息素进行信息的往来和传递，蚂蚁行走和移动时能够感知到信息素，而且由信息素来指导其行动。人工蚂蚁通过间接通信、相互协作来寻找问题的最优解。该算法在通信、交通、人工智能等领域有着广泛应用。蚁群优化算法有其自身的优点，但是，它易于得出局部最优解，且计算量较大，搜索时间较长，收敛速度较慢。

以上介绍的这几种智能优化算法已经在动态优化问题、工程优化问题和多目标优化问题等各种复杂的优化问题中得到了成功应用。

2.3　相关数学理论

2.3.1　Fourier 变换

Fourier 变换是对连续时间函数的积分变换，是通过特定形式的积分建立函数之间的对应关系。它的优点在于既可以简化计算，还具有明确的物理意义。因此，它被广泛应用在许多领域，如通信和控制领域、电力工程、计算机领域以及其他物理、数学和工程等技术领域。

Fourier 变换的定义是，如果在任意一个有限区间上，$f(x)$ 只存在有限个第一类间断点和有限个极值点，并且 $\int|f(x)|dx<\infty$，则称 $F[f(x)]=F(\omega)=\int_{-\infty}^{+\infty}f(t)e^{-it\omega}dt$ 为 $f(x)$ 的 Fourier 变换。[8]

其也可被定义为，假设 $f(t)$ 与 $F(\omega)$ 都是在 $(-\infty,+\infty)$ 上的绝对可积函数，则称 $\int_{-\infty}^{+\infty}f(t)e^{-it\omega}dt$ 为 $f(t)$ 的 Fourier 变换。

2.3.2　Laplace 变换

假设 $f(t)$ 在 $t\geqslant 0$ 上有定义，并且积分 $F(s)=\int_{0}^{+\infty}f(t)e^{-st}dt$ 是关于某一范围内的 s（ s 是复参变量）收敛，那么称由此积分确定的函数为函数 $f(t)$ 的 Laplace 变换，记为 $\mathcal{L}[f(t)]$，即 $\mathcal{L}[f(t)]=F(s)=\int_{0}^{+\infty}f(t)e^{-st}dt$ 。其中，$f(t)$ 是 $F(s)$ 的象原函数，$F(s)$ 是 $f(t)$ 的象函数。

2.3.3　Γ 函数和 B 函数

Γ 函数也称欧拉第二积分，是阶乘概念扩展的一类函数，通常可以写成 $\Gamma(\cdot)$，可被定义为

$$\Gamma(x):=\int_{0}^{+\infty}e^{-t}t^{x-1}dt,\ [Re(x)>0] \tag{2.1}$$

当 $x>0$ 时，Γ 函数是严格凸函数。

Γ 函数有如下性质

$$\Gamma(x+1)=x\Gamma(x),\ \forall x\in C \tag{2.2}$$

对于整数 $n(n>0)$

$$\Gamma(n)=(n-1)!,\forall n\in Z^{+} \tag{2.3}$$

与 Γ 函数有密切联系的是 B 函数，也称欧拉第一积分，是二项式系数导数的推广，可被定义为

$$B(x,\omega):=\int_0^1 \tau^{x-1}(1-\tau)^{\omega-1}d\tau,\ \ [\Re(x)>0,\Re(\omega)>0] \tag{2.4}$$

B 函数和 Γ 函数之间的关系为

$$B(x,\omega)=\frac{\Gamma(x)\Gamma(\omega)}{\Gamma(x+\omega)} \tag{2.5}$$

2.3.4 Mittag-Leffler 函数

早在20世纪初，瑞典数学家Mittag-Leffler[8]和Wiman[9]就介绍了Mittag-Leffler函数。直到20世纪60年代，研究者[10]才认识到Mittag-Leffler函数在分数阶微积分中的重要性，尤其是可被用来描述具有遗传效应的反常过程[11]。指数 e^z 在整数阶微积分方程中起着举足轻重的作用，它是对带有一个参数的函数的拓展与延伸[12]，可以表示为

$$E_{\alpha,1}(z)=E_\alpha(z)=\sum_{k=0}^{\infty}\frac{z^\kappa}{\Gamma(\alpha\kappa+1)},\alpha>0,z\in C \tag{2.6}$$

带有两个参数的 Mittag-Leffler 函数在分数阶微积分中扮演着非常重要的角色[12]。根据级数展开，其定义如下

$$E_{\alpha,\beta}(z)=\sum_{k=0}^{\infty}\frac{z^\kappa}{\Gamma(\alpha\kappa+\beta)} \tag{2.7}$$

其中，α,β 都大于 0。特别地，当 $\beta=1$ 时，$E_{\alpha,1}(z)=E_\alpha(z)$；当 $\alpha=\beta=1$ 时，

$E_{1,1}(z) = e^z$。

参考文献

[1] 俞峰. 复杂动态随机网络最短路径问题研究. 浙江大学博士学位论文, 2009: 18-19.

[2] Kirkpatrick S. Optimization by simulated annealing: Quantitative studies. Journal of Statistical Physics, 1984, 34: 975-986.

[3] Kirkpatrick S, Gelatt C D, Vecchi M P. Optimization by simulated annealing. Science, 1983, 220: 671-680.

[4] Holland J. Adaptation in Natural and Artificial Systems: An Introductory Analysis with Applications to Biology, Control and Artificial Intelligence. Cambridge: MIT Press, 1992.

[5] Dorigo M, Gambardella L M. Ant colony system: A cooperative learning approach to the traveling salesman problem. IEEE Transactions on Evolutionary Computation, 1997, 1: 53-66.

[6] Dorigo M, Maniezzo V, Colorni A. Ant system: Optimization by a colony of cooperating agents. IEEE Transactions on Cybernetics, 1996, 26(1): 29-41.

[7] Dorigo M, Caro C D. Ant colony optimization: A new meta-heuristic. Proceedings of the Congress on Evolutionary Computation, Washington, 1999: 1470-1477.

[8] 袁志杰, 黄欣, 袁莉芬. Fourier 变换在非参数统计上的一个应用. 数学的实践与认识, 2018, 48(14): 312-315.

[9] Wiman A. Über die nulstellen der funktionen $E_a(x)$. Acta Mathematica, 1905, 29: 217-234.

[10] Hille E, Tamarkin J D. On the theory of linear integral equations. Annals of Mathematics Second Series, 1930, 31: 479-528.

[11] Caputo M, Mainardi F. Linear models of dissipation in anelastic solids. La Rivista del Nuovo Cimento, 1971, 1(2): 161-198.

[12] Agarwal R P. A propos d'une note de M. Pierre Humbert. Comptes Rendus de l'Académie des Sciences, 1953, 236(21): 2031-2032.

第3章

面向藏文网页的搜索策略

随着藏文网页的迅猛发展，藏文网页已经发展成为当今一个非常重要的藏文信息库和传播藏文知识的主要渠道，藏文网页站点遍布全球，为用户提供了极具价值的藏文信息源。藏文经历了快速发展，但是现如今又遇到了新的挑战。藏文信息化过程中的标准化问题主要包括藏文编码体系的标准化研究，其内容包括藏文编码字符集标准（交换码）、基本集和构建集、藏文字符键盘布局标准（输入码）和藏文字形标准（字形码）等。只有重新认识藏文信息处理技术，才能更好地促进藏文信息技术的发展和推广，从而更有利于藏文的研究和传播，使得藏文研究的价值得以充分发挥。

对于了解和掌握藏文网页网络信息的用户，如何快速、有效地查找到用户所关心和需要的内容，已经成为互联网用户和科研工作者关注的焦点和研究的热点。藏文术语标准化程度的提升有利于社会科学体系的长久发展，也有利于藏文搜索技术的研究。通过对藏文搜索引擎的设计，能够扩大藏文的应用范围和实现文化的传承与发展，为藏文的研究提供丰富的、有价值的资料，也能够提升相关人员处理藏文信息的创新能力。总之，本书研究具有一定的社会效益和文化价值，能为藏文的发展带来新的机遇。

现实系统中的很多网络具有小世界现象和无标度特性。自然界中包括大量的复杂网络数据，可以通过对真实数据的分析来了解这些网络的特点，但是人们很难深入地研究网络的某些特性。为了考察真实复杂网络的形成机制以及网络演化的统计规律，以进一步研究和优化网络上的动力学行为，就需要建构合适的网络结构模型。

对复杂网络的相关研究可以从不同角度来建构模型，通过分析模型的性质，了解模型的内在规律，并将其与现实系统进行对比分析来认知模型和自然社会现象的内在联系，有助于人们更好地了解真实世界的现象和性质，为研究现实系统提供理论借鉴和实践参考。

3.1 网络模型

近年来，研究者对复杂网络的研究从不同角度同时展开，其中，关于复杂网络演化机制及演化模型的研究最为活跃。复杂网络的演化生成机制是指网络的形成方式和形成过程，根据复杂网络的演化生成机制建立的模型被称为复杂网络的演化模型。

研究复杂网络的演化机制及演化模型，再现现实系统的主要拓扑特性是非常有必要的。学术界十分关心网络结构的复杂性研究，主要是因为网络的结构在很大程度上决定了它的功能。众多研究[1]发现，复杂网络的结构对发生在其上的动力学特性至关重要。复杂网络上的合作、同步、搜索和疾病传播等动力学行为，都在很大程度上受到网络拓扑结构的影响，不同结构网络的动力学行为表现出明显的、本质的差异。

给出描述复杂网络统计特征的度量是进行深入研究的第一步，下一步就是构造在这些特征上和实际网络相类似的网络模型,以对现实中的网络进行研究。由于现实世界网络的规模比较大，节点与节点之间的连接比较复杂，而且拓扑结构具有的一些特点基本上是未知的，因此构造的网络模型一般须体现网络的演化特征。多年来，人们对描述现实系统拓扑结构的研究经历了几个重要的阶段。根据网络拓扑结构的不同，本章介绍的复杂网络模型主要有规则网络模型、随机网络模型、小世界网络模型和 BA 网络演化模型[2]，此外，还介绍了 DMS（Dorogovtsev Mendes Samukhin）模型以及局域世界网络演化模型。

3.1.1　规则网络模型

在很长一段时间里，现实系统各因素之间的关系可以用一些规则网络来表示，如一维链、二维平面上的欧几里得格网等。规则网络是指具有规则拓扑结构的网络，用得最多的规则网络[3]是由 N 个节点组成的环状网络，网络中每个节点

只与它最近的 k 个节点连接。规则网络模型是根据特殊目的建立起来的一种网络,例如,按照功能相近或者是地理位置相近的原则将网络中的节点组织在一起。在规则网络中，每个节点具有相同的度和集聚系数，并且节点集聚程度较高，一维规则网络的平均路径长度较大，与节点数呈线性关系，即网络的平均路径长度（L）为 $L \sim \frac{N}{2k}$。规则网络的集聚系数很高，但是平均路径长度也很大。

3.1.2 随机网络模型

随机网络模型又称 ER(Erdos Rényi)模型,是由匈牙利著名的数学家 Erdos 和 Rényi[4]提出来的。假设网络中共有 N 个节点且固定不变，所有节点都是统计独立和平等的，我们以概率 P 随机选取两个节点相连接，这样就可以得到一个包含 N 个节点和大约 $\frac{1}{2}N(N-1)$ 条边的网络，连接概率 P 在研究随机网络时起着很重要的作用。

随机网络的平均最短路径长度比较小,集聚系数也很小,具有小世界特性。如图 3.1 所示，连接数分布曲线呈钟形，网络的度分布是比较有代表性的泊松分布，平均度值会随着节点数 N 的增加而增加。实际网络中的集聚系数一般远大于度值的平均值，这是随机网络与现实世界中的网络的不同点之一。

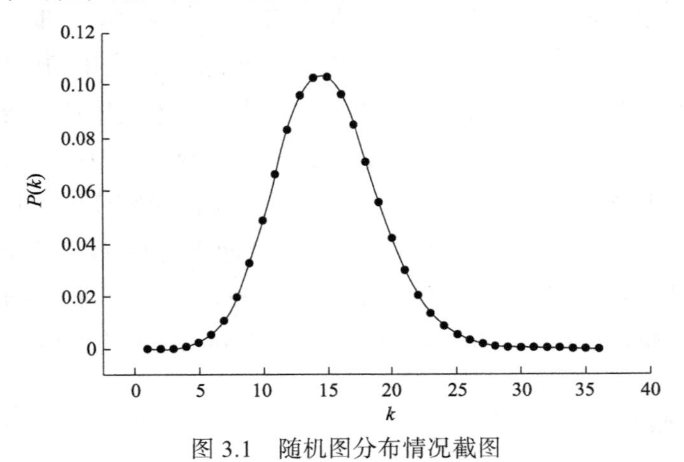

图 3.1 随机图分布情况截图

藏文网页网络是万维网（world wide web，WWW）网络的一部分，区别仅在于页面显示的文字。藏文网页网络具有节点度的幂律分布和小世界特性，以及可以实现快速搜索的特性。因此，使用复制网络理论和相关知识研究藏文网络是可行的。

3.1.3 小世界网络模型

1998 年，Watts 和 Strogatz[5]的研究发现，现实网络一般都具有较小的平均路径长度（$L \sim \ln N$）和较大的集聚系数。通过上面的分析可知，随机网络不具有较大的集聚系数。为了描述这种现象，他们引入了一个新的模型，后来被称为小世界网络模型，以描述从完全规则网络到完全随机网络[6]的转变。小世界网络具有与规则网络类似的高集聚性特征，同时又具有与随机网络类似的较小的平均路径长度。小世界网络模型的建立和生成有其深刻的社会根源，因为在社会网络中，大多数人直接和邻居、同事相识，但是个别人也有远方的朋友甚至是国外的朋友。小世界网络模型不仅考虑了网络节点之间的平均路径长度，还考虑了网络的集聚系数，是具有较小的平均路径长度和较大的集聚系数的一种网络。小世界网络的形成是系统增长和局部共同作用的结果。

小世界网络模型的演化算法如下。

1）初始条件：考虑从一个含有 N 个节点的规则网络开始，所有的节点连接成一个环，每个节点都与它左右相邻的 $\frac{k}{2}$ 个节点（k 是偶数）相连接。

2）随机性重连：以概率 P 随机地重新连接网络中的每一条边，但是任意两个不同的节点之间至多只能有一条边相连接，而且每个节点都不能有与自身相连的边。

根据小世界网络模型的演化算法（模型见图 3.2），通过调节连接概率 P 的值，就可以得到从规则网络到随机网络的过渡网络。

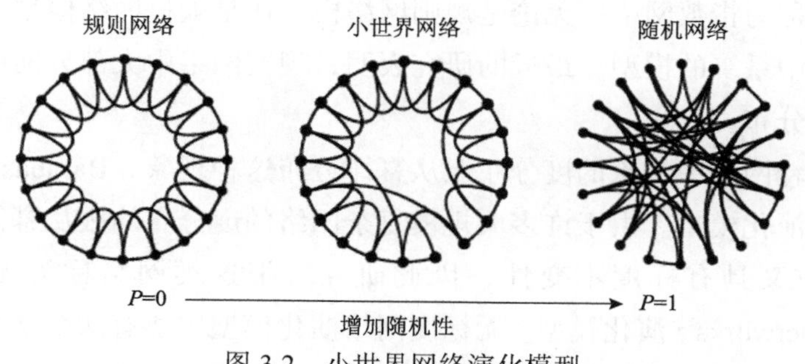

图 3.2　小世界网络演化模型

由上述模型的算法可以得到：当 $P=0$ 时，网络对应于规则网络；而当 $P=1$ 时，网络对应于随机网络。

如图 3.2 所示，左边的网络是规则网络，右边的网络是随机网络，中间的网络是在规则网络上加上随机因素而形成的小世界网络，它同时具有较大的集聚系数和较小的平均路径长度。

1）当 $P=0$ 时，网络对应的是规则网络。两个节点之间的平均距离随 N 的增大而线性增大，集聚系数也随之增大。

2）当 $P=1$ 时，网络转变为随机网络。两个节点之间的平均距离随 N 的增大而呈对数增大，集聚系数随 N 的减小而减小。

3）当 P 为 $(0,1)$ 区间的任意值时，网络模型显示出小世界特性，两个节点之间的平均距离约等于随机网络的值，此时的网络具有较大的集聚系数，许多现实网络特别是社会网络都表现出了网络的集聚现象，由此引发人们对小世界网络的研究。通过调节概率 P 的值，就可以控制从完全规则网络（$P=0$）到完全随机网络（$P=1$）的过渡。

小世界网络的主要特点是网络连接数分布为指数分布，每一个节点都有大致相同的连接数，并且它是介于完全规则网络和完全随机网络之间的一种复杂网络，实现了从完全规则网络到完全随机网络的连续演化。

3.1.4 BA 网络演化模型

随机网络和小世界网络的度分布演化都服从泊松分布[7]，这种网络的度分布的主要特点是在均值处有一个峰值，在峰值两侧则呈指数递减，因此，这样的网络也被称为指数网络。无论是规则网络模型还是随机网络模型，都无法解释现实世界中系统的模型。最近的研究表明，现实网络中大部分网络的度分布都服从幂律分布。

为了解释网络中节点的度分布服从幂律分布这种现象，Barabási 和 Albert 提出了网络演化模型。由于许多大规模复杂网络的度分布均服从幂律分布，且此分布函数又具有标度不变性，因此研究者把这类网络称为无标度网络（scale-free networks）演化模型。无标度网络演化模型主要有两个基本的演化特性：增长性和择优连接性（preferential attachment）。他们认为，大多数复杂网络模型忽略了这两点，大多数现实复杂系统具有的特性是，大部分节点只有少数几个连接，而某些节点却与其他节点之间有大量连接。因为大部分现实网络都是开放性的，允许新节点的加入，例如，互联网中不断有新的网站或网页的加入，公共交通网络中也会根据具体情况开通一条新的道路，而随机网络模型和小世界网络模型中的网络节点是固定不变的，随机网络模型和小世界网络模型考虑的都是节点数目不会随时间改变的网络。

另外，随机网络模型和小世界网络模型中的每个节点都是独立和平等的，而现实网络中的节点并非如此，例如，在互联网中加入新的网页或网站，如果网页内容新颖，更新速度快，那么这样的网页更愿意连接到点击率高的网站上，再如，我们在建立个人网站时，往往会考虑与有参考价值和知名度高的网页进行连接以提高被访问量。

Barabási 和 Albert 提出的第一个网络演化模型是 BA 网络演化模型[8]。BA 网络演化模型的提出，为人们研究复杂网络系统提供了新的视角，开创了复杂网络研究的新局面。BA 网络演化模型是第一个增长型的复杂网络模型，最终会演化成标度不变状态，即节点度服从度指数是 3 的幂律分布。BA 网络演化模型的平均路径长度很小，集聚系数也很小[9]，但比同规模随机网络的集聚系数要大。不过，当网络趋于无穷大时，这两种网络的集聚系数均近似为 0。但与现实网络相比，BA 网络演化模型仍有明显的缺陷，因为现实中的网络大都具有很大的集聚系数，而且度分布指数并不是只等于 3，而是位于区间[2,3]。

另外，现实世界中的网络在演化过程中，各个细微的变化都可能会影响到网络的拓扑结构，而且不同的现实网络会受到诸如老化、成本等因素的影响，演化差异也会很大，从而影响网络的性能。人们研究演化网络，主要是通过建立动态的网络演化模型，认识并捕捉对网络拓扑结构的形成起作用的影响因素的动态演化过程，从而达到认识网络拓扑结构的目的，以便用来研究现实世界中的系统。

目前，建立模型的出发点是建立一种对所有网络都适用的模型[10]，这种共性研究虽然有意义，但是忽略了每个具体网络都有它个性的一面。由于现实世界的不同网络可能有着不同的形成机制，突破以往模型的局限性，针对每个现实系统，根据网络演化的形成机制，构造相应的网络演化模型，用来捕捉系统的无标度特性，进一步探讨网络演化模型的幂律分布特性是很有必要的，这有利于科研人员更好地认识复杂网络模型，并能够以此提出改进的复杂网络搜索策略。

至此，我们构造一个网络，假设网络开始于 m_0 个孤立的节点，新的节点加入网络后，与原来的部分节点有连接，而且是择优连接（新节点与原来的节点

相连接的概率与节点的度成正比），那么构造的网络连接概率为

$$\prod(k_i)=\frac{k_i}{\sum_j k_j} \tag{3.1}$$

在经过t时间步后，这种算法产生一个有N（$N=t+m_0$）个节点和mt条边的网络。该网络演化到一个标度不变的状态，此时的网络呈现出度指数$\gamma_{BA}=3$的幂律度分布，即

$$P(k)\approx\frac{2m^2}{k^3} \tag{3.2}$$

BA 网络演化模型的度分布演化情况如图 3.3 所示，这里假设节点数 N=20 000 个，初始节点为 3 个，连接节点的边是 3，网络的横、纵坐标是双对数形式，由图 3.3 可以看到，网络的度分布服从幂律分布，是无标度网络。

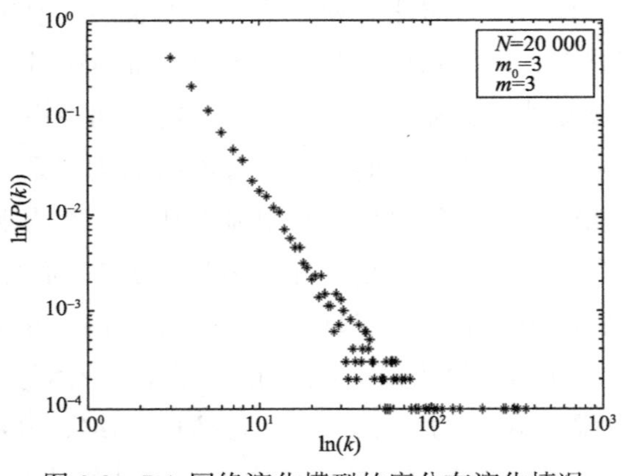

图 3.3　BA 网络演化模型的度分布演化情况

在 BA 网络演化模型中，已经存在的节点总是以较大的概率获取新边，然而在许多现实系统中，节点获得新连接边的能力除了与节点的度的大小有关外，还与固有的适应度有关，适应能力更强的节点，有可能比那些连接度高但适应度低的节点更容易获得更多的新边，从而变成连接度较大的节点，这就是所谓的“富者愈富”的原理。

BA 网络演化模型具体描述了节点度指数为幂律分布的两个重要的演化特性，即增长性和择优连接性，但是择优连接性要求新增加的节点需要知道网络中所有节点的度分布情况，实际上并不是所有现实中的系统均满足这一点。新

增加的节点并没有这个能力，也不可能完全知道整个系统中节点的度分布情况。例如，在互联网中，计算机网络是基于域与路由器的结构来组织管理的，一台主机通常只与同一域内的其他主机相连接，这种网络拓扑特性表明，新增加的节点不可能了解网络的全局信息。现实中的复杂系统存在着局域世界演化的特点，它们对网络的节点连接起到了重要的作用。

3.1.5 DMS 模型

Dorogovtsev-Mendes-Samukhin[11]模型是由 Dorogovtsev、Mendes 和 Samukhin 提出的，简称为 DMS 模型，是一个线性增长模型。它是 BA 网络演化模型的一个扩展模型，考虑了线性择优连接的形式。

该演化模型的算法是

$$\prod(k_i)=\frac{k_i+k_0}{\sum_j\left(k_j+k_0\right)} \tag{3.3}$$

其中，$-m<k_0<m$，k_0 是常数，用来表示节点的初始吸引度；$\sum_j\left(k_j+k_0\right)$ 为网络中其余节点的度数与初始吸引度之和。DMS 模型与 BA 网络演化模型不同的是，BA 网络演化模型认为，时间越长的节点连接度越大，但是现实网络中节点的度并不仅仅依赖于时间的长短；而在 DMS 模型中，一个节点的度与初始吸引度决定了新节点与其相连接的概率，甚至一个新进入网络的节点仅有很少的几个连接边，而具有很高的初始吸引度也能获得很高的连接概率。依此节点的连接概率，可以得到网络的度指数为 $r=3+\frac{k_0}{m}$ 的幂律分布。

由此可以得到，当节点的初始吸引度 k_0 从 $-m$ 增长到无穷大时，r 则从 2 增长到无穷大；当 $k_0=0$ 时，此模型还原为 BA 网络演化模型。由此可知，BA 网络演化模型是 DMS 模型的一种特殊情形，DMS 模型是 BA 网络演化模型的一个扩展模型。

3.1.6 局域世界网络演化模型

Li 和 Chen[12]提出了局域世界网络演化模型，并且发现了该模型的度指数能够在指数标度和幂律标度之间自由变换。他们认为，每个节点都有各自的局域世界，因此也只是占有整个网络的局部连接信息。网络的择优连接机制不是针对整个网络的，而是在每个节点各自的局域世界中有效，就像在人们的社团组织中，每个人实际上也生活在各自的局域世界里。在许多实际的复杂网络中存在着局域世界的演化。演化网络是一类更加复杂的网络，它的择优连接概率是非线性的，存在边的增加或者边的减少，内部节点之间存在着竞争，它的增长性受到老化等多种因素的限制。

局域世界网络演化模型的算法如下。

1）增长性：初始网络中，有 m_0 个节点和 e_0 条边。

2）择优连接性：随机地从网络已有的节点中选取 M 个节点（ $M \geqslant m_0$ ），作为新加入节点的局域世界，则根据择优连接概率，新加入的节点为

$$\prod_{\text{Local}}(k_i) = \prod{}'(i \in LW)\frac{k_i}{\sum_j {}_{\text{Local}} k_j} = \frac{M}{m_0 + t}\frac{k_i}{\sum_j {}_{\text{Local}} k_j} \tag{3.4}$$

将新加入的节点与局域世界网络中的 m 个节点相互连接。在每一个时间步，新加入的节点从局域世界网络中按照择优连接性原则选取 m 个节点来连接。该模型与 BA 网络演化模型的不同之处在于，BA 网络演化模型是从整个网络中选择节点来连接的。

在 BA 网络演化模型中，每一个时间段均会有一个新节点加入网络时，它会从所有已经存在的节点中进行选择性连接，即它的择优连接性是基于全局信息的，这种假设条件在现实中是不常见的，也是不符合现实规律的。例如，在互联网和社会网络等现实网络中，新加入的节点很难了解网络的全部信息。因此，在不完全信息情况下，确定网络的连接机制，构造其网络演化模型是有意义和有价值的。

3.2 藏文网页链接结构

藏文网页页面之间是通过统一资源定位符（uniform resource locator，URL）

进行连接的，这就形成了藏文网页链接结构[13]。引入社会网络分析的方法，能够对藏文 Web 链接结构进行搭建并对网络的链接结构进行深入分析，从而进行二次信息挖掘。

为了分析藏文网页信息，需要对其进行链接提取。传统的链接提取方法中，最典型的就是在网页中匹配 href、src 等标记信息，从而提取链接地址。很多链接信息并不是对少数关键字进行简单匹配就能够找到的，因此链接提取不够全面。由于网页内容多种多样，具有一定的复杂性，再加上 href、src 等标记的呈现形式也不同，链接提取的正确性还有待考究。

针对以上传统链接提取中存在的问题，可以考虑采用图 3.4 的藏文网页链接提取模型。该模型介绍了藏文网页链接提取的具体过程。

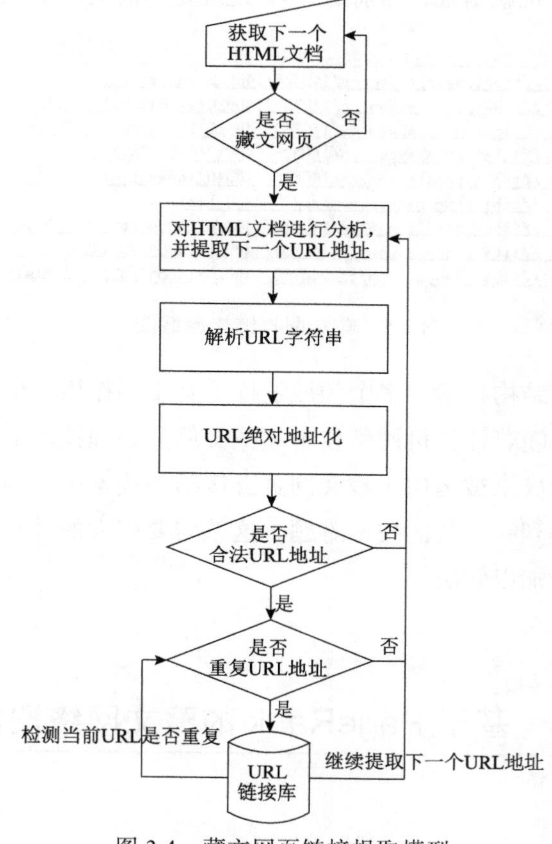

图 3.4　藏文网页链接提取模型

藏文网页链接结构是由藏文网页中的链接节点之间的相互指向所交织成

的一种类似于网状的链接结构。关于藏文网页结构的研究发现，网页之间的相互链接关系越密切，其内容的相关性也就越大。藏文网页链接提取模型主要分为三部分：粗链接提取、URL 加工和目标 URL 地址判断。这三部分阐述了链接提取的步骤和具体过程。它们对链接结构的处理是层层递进的：首先对提取出的初始结果进行规范化，得到合法的 URL 地址，再对其进行筛选和过滤，得到最终结构。这样能够提高链接提取模块的质量与效率。

粗链接提取时要进行 HTML 文档的分析，粗链接提取的实现过程需要对链接信息进行标记。URL 加工包括 URL 解析和相对 URL 的地址绝对化。目标 URL 地址判断包括 URL 的合法性判断、URL 的重复性判断与藏文网页链接库。如图 3.5 所示，藏文网页链接库的存储标准 ID 为当前 URL 的编号，from_url 为前向 URL 地址编号，也就是说，当前的 URL 地址是由前向 URL 地址链接而来的。

id	url	from_url
81	http://tibet.people.com.cn/140826/140842/index.html	1
82	http://tibet.people.com.cn/140780/140826/140842/8514555.html	1
83	http://tibet.people.com.cn/140780/140826/140842/8514565.html	1
84	http://tibet.people.com.cn/140826/140842/8526468.html	1
85	http://tibet.people.com.cn/140826/140840/index.html	1
86	http://tibet.cpc.people.com.cn/8394560.html	1
87	http://tibet.people.com.cn/140780/140826/140840/8514588.html	1
88	http://tibet.people.com.cn/140780/140826/140840/8514591.html	1
89	http://tibet.people.com.cn/140780/140826/140840/8514582.html	1

图 3.5　藏文网页链接库截图

藏文网页链接结构技术在多个领域发挥了其重要作用，但对它的研究还有待继续深入。未来随着计算机网络技术和藏文信息处理技术的不断发展，会有更多的研究和理论成果被运用于藏文网页链接结构技术中。与此同时，藏文网页链接结构还会遇到一些新的技术难题，这就需要广大的计算机技术人员和科研人员共同努力来加以解决。

3.3　基于 PageRank 的藏文网络搜索

藏文网页网络主要是由 Web 网络的页面数据以及页面之间的链接关系构成的。页面链接通常被理解为对当前 Web 页面的进一步扩展和说明，有时也被看作当前页面指向目标页面的中间链接。通过藏文网页页面的链接关系，可以构造藏文网页网络的有向链接图和无向链接图。利用相关搜索算法研究藏文网页网络的结构特性，有助于深度挖掘藏文网页网络中蕴含的社会网络关系和藏文文字信息等。

3.3.1　PageRank 算法原理

搜索引擎 Google 最初是斯坦福大学的博士研究生 Sergey Brin 和 Lawrence Page 提出的一个原型系统，现在已经发展成为 WWW 上较好的搜索引擎之一，他们是 Google 公司的创始人。Google 的体系结构类似于传统的搜索引擎，但与传统的搜索引擎最大的不同之处在于，它对网页进行了基于权威值的排序处理，使最重要的网页出现在搜索结果的最前面。Google 通过 PageRank 算法计算出网页的 PageRank 值，从而决定网页在结果集中出现的位置，PageRank 值越高的网页，在结果中出现的位置也就越靠前。

简单地说，PageRank 可以被看作藏文网页网络上某个页面重要性的一个数值。Page 提出了超链分析的思想，即一个网页是否重要，不仅要看它的反向链接数目，还要看指向它链接的网页质量。一般情况下，搜索引擎会将 PageRank 值与网页搜索结果的相似度共同作为搜索结果的排序依据，PageRank 值仅依赖于网络的链接结构[14]。

PageRank 不仅建立在链接流行度的基础上，更多考虑指向它的网页的质量及重要程度，即如果一个 PageRank 值较高的藏文网页有一个链接指向藏文网页 A，那么网页 A 也将会获得较高的 PageRank 值。因此，一个藏文页面的 PageRank 值取决于链接到它的网页 PageRank 值，同时这些网页的 PageRank 值又取决于链接到它们的藏文网页的 PageRank 值。所以，一个网页的 PageRank 值是由其他网页来递归决定的，同时它的 PageRank 值将会影响到其他存在链接关系的页面。具体地说，PageRank 算法基于下面两个前提。

前提 1：一个网页被多次引用，则它可能是重要的；一个网页虽然没有被多次引用，但是被重要的网页引用，它也可能是重要的；一个网页的重要性被平均地传递到它所引用的网页中[15]。

前提 2：假定用户一开始随机访问网页集合中的一个网页，以后跟随网页的链接选择浏览下一个网页，且不返回浏览，那么浏览下一个网页的概率就是被浏览网页的 PageRank 值。

PageRank 值的具体算法是将某个页面的 PageRank 除以存在于这个页面的正向链接，将由此得到的值分别和正向链接所指向页面的 PageRank 相加，即得到了被链接的页面的 PageRank。下面用具体的例子来描述上述思想。

图 3.6 是一个简单的 PageRank 在藏文网页之间的传递过程。从图 3.6 中可以看出，网页 $A2$ 的 PageRank 值是 120，它的出度是 2，所以 $A2$ 分别把 60 传递给了网页 $B1$ 和 $B2$，其他链接关系类似。一个简单的 PageRank 公式可以被定义为

$$PR(A) = (1-d) + d\sum_{i\in B(A)}\frac{PR(T_i)}{C(T_i)} \tag{3.5}$$

其中，$PR(A)$ 表示页面 A 的网页级别，$PR(T_i)$ 是页面 T_i 的网页级别，并且页面 T_i 链接到页面 A；$C(T_i)$ 表示页面链出的网页数量。$B(A)$ 是网页集合，d 为阻尼系数，$d\in[0,1]$。用户不可能无限地单击下去，而是随机跳入另一个页面，$1-d$ 则是页面本身所具有的网页级别。

接下来给出具体的网页链接过程，如图 3.6 所示，然后根据链接关系进行求解，最终得到网页的级别。

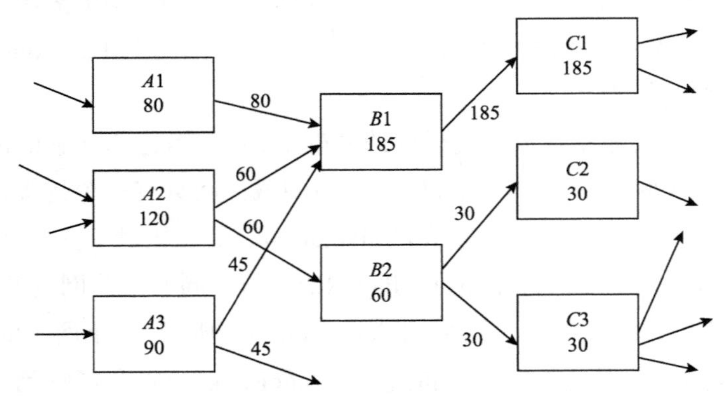

图 3.6 PageRank 在网页间的传递过程

利用式（3.5）可以计算出藏文网页集合中所有网页的 PageRank 值，假设 N 为整个藏文网页的总和，因为所有网页的初始 PageRank 值是未知的，所以对其进行平均分配，给每个网页的 PageRank 赋值为 $\frac{1}{N}$，再根据式（3.5），对得到的值进行重复计算，直到计算得到的 PageRank 值收敛于一个相对固定的数。

也就是说，根据链接结构计算出的每个网页的重要性趋于稳定，结果收敛时停止计算。

如图 3.7 所示，A、B 和 C 代表的是三个存在链接关系的页面，根据它们的链接关系，可以求出相应网页的级别 $PR(A)$ 、$PR(B)$ 和 $PR(C)$ 。

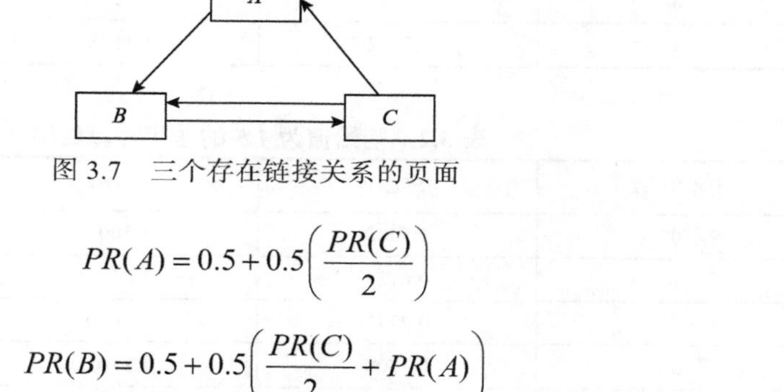

图 3.7　三个存在链接关系的页面

$$PR(A) = 0.5 + 0.5\left(\frac{PR(C)}{2}\right)$$

$$PR(B) = 0.5 + 0.5\left(\frac{PR(C)}{2} + PR(A)\right)$$

$$PR(C) = 0.5 + 0.5PR(B) \tag{3.6}$$

通过以上三个式子，可以求解得到：

$$PR(A) = \frac{10}{13} = 0.7692$$

$$PR(B) = \frac{15}{13} = 1.1538$$

$$PR(C) = \frac{14}{13} = 1.0769 \tag{3.7}$$

Google 采用了一种近似的迭代方法计算网页级别，即先给每个网页赋予一个初值，然后利用式（3.6）循环进行有限次运算，最终得到近似的网页级别。

表 3.1 和表 3.2 是给定不同的初始值，经过数次迭代后的 PageRank 值。由此可以看出，迭代结果与初始值的选取无关。

表 3.1　初始值为 1 的迭代计算结果

迭代次数	$PR(A)$	$PR(B)$	$PR(C)$
0	1.0000	1.0000	1.0000
1	0.7500	1.1250	1.0000
2	0.7656	1.1484	1.0625

续表

迭代次数	$PR(A)$	$PR(B)$	$PR(C)$
3	0.7686	1.1528	1.0742
4	0.7691	1.1537	1.0764
5	0.7692	1.1538	1.0768
6	0.7692	1.1538	1.0769
7	0.7692	1.1538	1.0769

表 3.2 初始值为 1.5 的迭代计算结果

迭代次数	$PR(A)$	$PR(B)$	$PR(C)$
0	1.5000	1.5000	1.5000
1	0.8125	1.2188	1.2500
2	0.7773	1.1660	1.1094
3	0.7708	1.1561	1.0830
4	0.7695	1.1543	1.0781
5	0.7693	1.1539	1.0771
6	0.7692	1.1539	1.0770
7	0.7692	1.1538	1.0769
8	0.7692	1.1538	1.0769

式(3.5)是采用 PageRank 算法计算网页 PageRank 值的最初公式。由式(3.5)可知，计算某个网页的 PageRank 值总是依赖于其他的相关页面，所以计算 PageRank 值的过程实际上是一个迭代过程，计算结果的精确程度依赖于初始值的选取和迭代的次数。为了保证在实际应用中这个结果总是收敛的，研究者加入了阻尼系数 d 。Google 最开始使用的 d 为 0.85，这对于 Web 结构来说是合理的[16]。

PageRank 算法除了可以被应用于对藏文网络搜索结果进行排序外，还可以被应用到其他方面，如估算网络流量、向后链接的预测器、为用户导航等。

3.3.2 PageRank 算法模型

PageRank 是基于有向赋权图节点的标量权重来分析网页角色的。由于 Web 的无标度性，不同网页是不平等的，入度高的页面更容易受到关注。因此，判断页面是否重要，最简单的方法就是看其入度，这样只需记录其邻接矩阵。然而，如果只关注其入度，还会有作弊现象（为增加入度值）的发生，所以只关注入度会影响搜索质量。这主要是由于：①节点的权重会受到包括入度在内的多个信息的影响，而不只是度；②节点的地位不平等，不只是意味着度的不平等，还意味着节点的权重的不平等；③节点的权重是相对于整个网络来说的，而不只是相对于与其相连的点。

因此，相关人员既要关注网页的入度，又要关注链向它的网页的权重。Google 用 PageRank 值来表示节点的抽象权重是基于这样的假设：从许多优质网页链接过来的网页，必定还是优质网页。

3.3.2.1　马尔可夫链模型

马尔可夫链模型是由 Markov 提出来的[17]，此模型是目前用途十分广泛的一个统计模型。在此基础上，研究者又发展出了各种马尔可夫链模型。Zukerman 等[18]提出的马尔可夫链用户浏览预测模型是一个简单有效的模型，它将用户的浏览过程抽象为一个特殊的随机过程——齐次离散马尔可夫链，用转移概率矩阵描述用户的浏览特征，并基于此对用户的浏览行为进行预测。

n 阶马尔可夫链表示系统的下一状态只由当前状态和前 $n-1$ 个状态决定。一阶马尔可夫链模型通常被用来模拟用户的浏览行为。PageRank 和超链接引导的主题搜索（hyperlink-induced topic search，HITS）算法就使用了基于马尔可夫链模型的随机游走过程：用户随机选择跳向某个新网页或跟随链接到某个网页。

马尔可夫链模型是一种将时间序列看作一个随机过程，通过对事物不同状态的初始概率及状态之间的转移概率进行研究，来预测事物未来状态的数学方法。马尔可夫链的数学模型表示如下。

设系统的每个阶段含有 $S_1, S_2, S_3, \cdots, S_n$ 个可能状态。

1）该系统的初始阶段状态记为向量 $\pi(0)$，该系统第 i 阶段的状态记为向量 $\pi(i)$，相邻系统由现有状态 S_i 变为状态 S_j 的转移概率为 P_{ij}（$1 \leqslant i \leqslant n, 1 \leqslant j \leqslant n$），由 P_{ij} 构成的矩阵被称为系统状态转移概率矩阵，记为 P，即

$$P = (P_{ij})_{nm} \tag{3.8}$$

P_{ij} 的第 i 行表示系统现阶段处于状态 S_i，现阶段转移到 $S_1, S_2, S_3, \cdots, S_n$ 状态的概率即 P_{ij}，所以

$$\sum_{j=1}^{n} P_{ij} = 1, j = 1, 2, 3, \cdots, n \tag{3.9}$$

不同阶段的状态分别为

$$\pi(1) = \pi(0)P,\ \pi(2) = \pi(1)P,\ \cdots,\ \pi(i) = \pi(i-1)P \tag{3.10}$$

其中，$i = 1, 2, 3, \cdots, n$。

2）假设系统发展过程状态向量π满足条件$\pi P = \pi$，则系统处于稳定状态。π为状态转移矩阵P的不变向量，记$\pi = (x_1, x_2, x_3, \cdots, x_n)$，且满足条件

$$\begin{cases} \pi P = \pi \\ \sum_{i=1}^{n} x_i = 1 \end{cases} \tag{3.11}$$

包含有限个马尔可夫过程的整体被称为马尔可夫链。满足马尔可夫链的系统过程具有如下三个特征[19]：①过程的离散性。系统的发展在时间上可离散化为有限个或可列个状态。②过程的随机性。系统内部从一个状态转换到另一个状态是随机的，其状态转换的概率可由系统内部以前历史情况的概率来描述。③过程的无后效性。系统内部的转移概率只与当前状态有关，与以前的各个状态无关。

凡是满足以上三个特点的系统，均可用马尔可夫链研究系统过程，并可预测其未来。用马尔可夫链对系统过程进行分析和预测，可分为四步：①构造状态并确定相应的状态概率；②由状态转移写出状态转移概率矩阵；③由转移概率矩阵推导各状态的状态向量；④在稳定条件下进行分析、预测、决策。

3.3.2.2 声望模型

任何一种用于建立个体之间联系的自然现象、社会活动或者技术机制的关系都可能形成一张网，如朋友关系、文献引用关系、合作关系、网页链接关系以及病毒传染等。个体之间的关系可以用有向图或者无向图来描述，其中图中的节点表示个体，边表示个体之间的关系。

声望模型是指用户通过自己的过去经历或他人的推荐来选择符合自己要求的交互节点的一种模型。在社会网络分析中，声望模型具有非常重要的地位，在文献计量学、流行传染病学、侦察谍报学等领域有着非常重要的应用[20]。

为了更好地理解声望模型，首先引入共同引用（co-citation）分析[21]：给定

一个文献的集合，希望表达这些文献两两被同时（同一篇文章）引用的情况，用 $coc[i,j]$ 表示，$coc[i,j]$ 越大，表示这两篇文章的相关性越强。可以通过文献的引用情况形成文章之间的邻接矩阵 E，当且仅当文章 i 引用了文章 j 时，$E[i,j]=1$，否则 $E[i,j]=0$。这个邻接矩阵 E 的第 i 列反映了文章 i 被引用的情况，同时，引用文章 i 和文章 j 的文章数量等于 $E[*,i]$ 和 $E[*,j]$ 在相同的行出现 1 的个数。考虑到 E 元素的{0，1}特性，则有

$$coc[i,j]=\sum E[k,i]E[k,j],\ k=1,2,\cdots,n \tag{3.12}$$

或者

$$coc=E^T E \tag{3.13}$$

用邻接矩阵

$$E=E[i,j]_{n\times n} \tag{3.14}$$

其中，$E[i,j]$ 表示矩阵 E 中第 i 行第 j 列位置的元素。$E[i,j]=1$ 表示 i 引用过 j，$E[i,j]=0$ 表示 i 没有引用过 j。我们希望确定 $P(i)$，它表示所有个体 $i\in S$ 的声望。向量 $P=(p_1,p_2,\cdots,p_n)$ 为声望向量。其模型如下。

1. 模型一

$$P(i)=\sum E[k,i],\ k=1,2,\cdots,n \tag{3.15}$$

它是指 i 在有向图 G 上的入度，即 E 的第 i 列值为 1 的个数。这个模型容易计算，但是不能够准确反映声望。

2. 模型二

$$P(i)=\sum E[k,i]p(k),\ k=1,2,\cdots,n \tag{3.16}$$

它是指 i 的声望等于知晓他的人的声望之和，可以将其写为

$$P=E^T P \tag{3.17}$$

两个模型中，模型二具有明确的决策含义，即 i 的声望等于知晓他的人的声望之和。把模型二稍作调整，则变为

$$(I-E^T)P=0 \tag{3.18}$$

但是，这样就存在以下问题：① $P=E^T P$ 意味着要求 E^T 的特征值为 1，一般情

况下，这个条件不一定能满足；②仅当行列式

$$\left|I-E^{T}\right|=0 \tag{3.19}$$

时，$(I-E^{T})P=0$ 有非 0 解，这个条件也不一定能满足；③向量 P 可能有多个正解，解的选择显然是一个问题，当然，存在负分向量是没有意义的。

这个模型能够较好地反映声望，而且更精确，但是不容易计算。

3. 模型三

根据模型一和模型二的缺陷，进一步改进得到模型三：让 i 的声望等于知晓他的人的声望之和乘以一个常数（对所有 i 都相同），即

$$P(i)=c\sum E[k,i]P(k),\ k=1,\cdots,n \tag{3.20}$$

因为是共同的常数，而对我们有意义的只是相对声望，所以常数 c 不会影响计算结果。可以将上式改写为

$$P=cE^{T}P \tag{3.21}$$

接下来讨论 $P=cE^{T}P$ 的解的存在性。$P=cE^{T}P$ 就是特征值、特征向量的定义方程，在此 c 只需要在一个系统中保持常量，不同的系统可以是不一样的，$1/c$ 就是 E^{T} 的特征值，可以随 P 同时求出来，但是仍然存在下列问题：① E^{T} 最多可能有 n 个不同的特征值，有多个不同的特征值时，取哪一个最好？②不同的特征值对应着不同的特征向量，即使是同一个特征值，其对应的特征子空间中也可能有多个向量，这时，应该取哪一个？③当特征值、特征向量不是实数时，应该怎么处理？

Perron-Frobenius 定理[22]是这样描述的：如果有向图 G 是强连通的，那么它的邻接矩阵 A 就有一个唯一的元素全为正实数的特征向量 v，且该特征向量属于模最大的特征值 λ，这个特征向量的唯一性在忽略常数因子的前提下成立。由于 A 和 v 都是非负数，因此 λ 也一定是正实数，这里强连通的条件必须满足，至此上述问题就得到了解决。

3.3.2.3 PageRank 随机冲浪模型

Page 和 Brin 为 PageRank 算法给出了一种非常简单、直观的解释。他们将 PageRank 视作一种模型，就是用户不关心网页内容而随机点击链接，网页的

PageRank 值决定了用户随机访问到这个页面的概率。用户点击页面内的链接的概率，完全由页面上链接数量的多少决定。因此，一个页面通过随机冲浪到达的概率就是链入它的别的页面上的链接被点击概率之和。引入阻尼系数 d ，是因为用户不可能无限地点击链接，常常会随机跳入另一个页面。阻尼系数 d 的定义为用户不断随机点击链接的概率，其值被设定为[0,1]。d 的值越高，用户继续点击链接的概率就越大。因此，用户停止点击并随机冲浪至另一页面的概率用常数 $1-d$ 表示。无论入站链接如何，随机冲浪至一个页面的概率总是 $1-d$ ，$1-d$ 是页面本身所具有的 PageRank 值。

在 Page 和 Brin 关于 PageRank 算法的论文发表以后，除了 Web 的链接结构以外，还有没有别的因素被加入 PageRank 算法中？对此，研究者曾经有过广泛的讨论。Page 在 PageRank 算法的专利说明中曾指出以下潜在的影响因素：链接的能见度、链接在文档中的位置、Web 页面间的距离、出链页面的重要性等。增加这些因素可以更好地用随机冲浪模型模拟人类利用 Web 的行为。

随机冲浪模型假设，有一个永不休止、随机在网上浏览网页的人，那么，在稳态情况下或者说在经历了足够长时间后，他会正在浏览哪个网页呢？其中，每个网页 v 会有一个被浏览的概率 $P(v)$ ，我们可以合理地设想：此时到达 v 的概率，依赖于上一个时刻到达链向 v 的网页的概率，以及那些网页中的超链接个数。用公式描述如下

$$P_{k+1}(v) = \sum E[u,v] \times \frac{P_k(u)}{d_u} \tag{3.22}$$

其中，d_u 是网页 u 的出度。进一步可以得到

$$P_{k+1}(v) = \sum_u \frac{E[u,v]}{d_u} P_k(u) \tag{3.23}$$

令

$$L[u,v] = \frac{E[u,v]}{d_u} \tag{3.24}$$

于是

$$P_{k+1}[v] = \sum_u L[u,v] \times P[u] \tag{3.25}$$

或者写成矩阵形式

$$P_{k+1} = L^T \times P_k \tag{3.26}$$

从式（3.26）中，我们可以看到，随机冲浪模型在形式上和声望模型是一样的，只是矩阵 L 有行向量元素和为 1 的性质。其中随机矩阵 M 的元素为非负数，并且每个列向量的元素之和分别都等于 1。此矩阵也被称为马尔可夫转移矩阵，L^T 就是这种随机矩阵。显然，随机矩阵的最大左特征值为 1，对应的特征向量是全 1 元素向量。由于转置矩阵的行列式和原矩阵的行列式相等，矩阵的左特征值集合和右特征值集合相等，即

$$xM = \lambda x \tag{3.27}$$

于是，1 就是 L^T 最大的特征值。

上述随机冲浪模型有效的条件是：由网页形成的有向图允许通过链接关系访问到每一个网页。但有两种情况是破坏这个条件的，即有入度或者出度为 0 的点和图中已经形成的圈。因此，该模型通常要求所形成的图是强连通和不能有进去后出不来的圈。

3.3.3 PageRank 算法与 HITS 算法比较

PageRank 算法和 HITS 算法均是基于链接分析的搜索引擎排序算法，并且二者均利用了特征向量作为理论基础和收敛性依据。但两种算法的不同点[23]也非常明显，下面主要对其进行介绍。

1）从算法思想上看，HITS 算法中的权值只是相对于某个检索主题的权重，而 PageRank 算法独立于检索主题。PageRank 的发明者把引文分析思想借鉴到网络文档重要性的计算中来，利用网络自身的超链接结构，给所有的网页确定一个重要性的等级数。PageRank 并不是引文分析的完全翻版，根据互联网自身的性质等，它不仅考虑了网页引用数量，还特别考虑了网页本身的重要性。简单地说，重要网页所指向的链接将大大增加被指向网页的重要性。

2）从权重的传播模型来看，HITS 算法首先通过基于文本的搜索引擎来获得最初的处理数据，网页重要性的传播是通过 hub 页向 authority 页传递的，且 hub 与 authority 之间是相互增强的关系，而 PageRank 算法则基于随机冲浪模型来计算。

3）从处理的数据量及用户端等待时间来分析，表面上看，HITS 算法处理需排序的网页数量较小，所计算的网页数量一般为 1000—5000 个。但由于需要

从基于内容分析的搜索引擎中提取根集并扩充基本集，这个过程需要耗费相当多的时间，而 PageRank 算法处理的数据在数量上远远超过了 HITS 算法。由于其计算量在用户查询时已由服务器端独立完成，不需要用户等待。基于该原因，PageRank 算法需要用户等待时间应该比 HITS 算法短。

3.4　加速 PageRank 收敛算法

3.4.1　PageRank 向量计算现状

关于 PageRank 的研究，Langville 和 Meyer 提出了对矩阵 P 做适当重排列、矩阵分块后再进行计算，能有效减少运算时间[24]。斯坦福大学计算机科学系的 Arasu 等[25]利用 PageRank 转移矩阵的特征值的特殊性，先后提出了多种加速算法，这些方法仅在一定程度上提高了迭代法的收敛速度，不能从根本上解决大规模矩阵的存储和计算问题。Gauss-Seidel 法被较早地引入 PageRank 向量的求解计算中[26]，Sidi[27]讨论了计算大型矩阵特征向量的问题，还有研究者[28-31]对 Google 矩阵的特征值问题进行了分析。Jcobi 法的求解过程基本等同于幂法（Power Method），下一节将对幂法进行具体分析。科研人员提出一种通过分解矩阵来计算 PageRank 的方法，但他们是根据连通性把整个 Web 分解成一些内部相互连通但彼此之间不连通的子区域，然后分别计算每个子区域内网页的 PageRank，用这种方法处理起来也不高效[32]。

PageRank 算法的理论建立在随机冲浪模型的基础之上，而幂法是其最基本的算法[33]。假设 G 为所有网页的集合，u 和 v 为 G 中的任意两个网页，则 $u \to v$ 表示存在一条从 u 到 v 的超链接。设 $\deg(u)$ 为页面 u 的出度，考虑以下情况：一个冲浪者在时刻 k 访问了页面 u，而在 $k+1$ 时刻沿 u 的任意一个超链接到达了网页 u_i，则该冲浪者访问网页 u_i 的概率为 $1/\deg(u)$。将每个网页看作一个状态，将所有状态组成的集合定义为 S，通过状态集 S，按如下方式构造矩阵 P

$$\text{if } i \to j,\ P_{ij} = \frac{1}{\deg(i)} \tag{3.28}$$

设 v 为所有状态的平均概率分布，用矩阵可表示为

$$v=\left[\frac{1}{n}\right]_{n\times 1} \tag{3.29}$$

设 d 为 n 维列向量，其元素 d_i 满足如下条件

$$d_i=\begin{cases}1 & \text{if } \deg(i)=0 \\ 0 & \text{otherwise}\end{cases} \tag{3.30}$$

按如下方法构造 P'

$$D=d\times v$$

$$P'=P+D \tag{3.31}$$

由马尔可夫链的相关理论可知，如果 P' 满足不可约和非周期的条件，则 P' 存在平稳分布。前者只需 G 为强连通图，而后者的满足可通过为每个网页添加一条指向自身的超链接来实现。设 e 是元素为 1 的 n 维列向量，即

$$e=[1]_{n\times 1} \tag{3.32}$$

用矩阵方式可对 P' 进行如下改造

$$E=e\times v$$

$$P''=cP'+(1-c)E\quad(0<c<1) \tag{3.33}$$

则 P'' 存在平稳分布，这样可将每个网页的 PageRank 值定义为相应状态的平稳分布值，令

$$A=(P'')^T \tag{3.34}$$

x 表示 P'' 的平稳分布，则其必满足以下公式

$$x=Ax \tag{3.35}$$

而 x 即为要求解的 PageRank 值，由此将问题转化为对矩阵 A 的主特征向量的求解，一个简单的思路是：首先设定 $x^{(0)}$ 的初始值，然后对式（3.33）反复迭代直到 $x^{(k)}$ 收敛，最终收敛的值即所求的值。

以上便是 PageRank 收敛算法的一般思路和计算过程，在实际使用中，如果使用一般的收敛算法进行计算，同样还会遇到各种各样的问题。特别是庞大

的过渡矩阵进行一次相乘要进行 n^2 次乘法，这是相当耗费时间的。过渡矩阵虽然显示了整个互联网中每个网页之间的链接关系，但是任何一个网页不仅不可能指向网络中的每个网页，而且指向的网页数量也是非常少的。在这种情况下，过渡矩阵显然是个元素值大多为 0 的稀疏矩阵，这在主存容量不大的情况下是极大的浪费。因此，PageRank 收敛算法是有必要的，也是可以改进的。

3.4.1.1　幂法

PageRank 的计算是一项复杂的技术，其本质是求矩阵的最大特征值所对应的特征向量，而在多种求解方法中，幂法是针对此问题比较有效的一种方法。幂法是一种计算矩阵主特征值及对应特征向量的迭代方法，特别是用于大型稀疏矩阵。设实矩阵

$$A=[a_{ij}]_{n\times n} \tag{3.36}$$

有一个完全的特征向量组，其特征值为 $\lambda_1,\lambda_2,\cdots,\lambda_n$，相应的特征向量为 u_1，$u_2,\cdots,u_n$。已知 A 的主特征值是实根，且满足条件：$|\lambda_1|>|\lambda_2|\geqslant|\lambda_3|\geqslant\ldots\geqslant|\lambda_n|$。以下将讨论求 λ_1 的方法。

幂法的基本思想是，任取一个非零的初始向量 $x^{(0)}$，由矩阵 A 构造一个向量序列

$$\begin{cases} x^{(1)}=Ax^{(0)} \\ x^{(2)}=Ax^{(1)}=A^2x^{(0)} \\ \qquad\vdots \\ x^{(k+1)}=Ax^{(k)}=A^{(k+1)}x^{(0)} \end{cases} \tag{3.37}$$

称为迭代向量。将 $x^{(0)}$ 表示为

$$x^{(0)}=u_1+\alpha_2u_2+\cdots+\alpha_nu_n \tag{3.38}$$

于是

$$\begin{aligned} x^{(1)}&=Ax^{(0)} \\ &=Au_1+\alpha_2u_2+\cdots+\alpha_nu_n \\ &=\lambda_1u_1+\alpha_2\lambda_2u_2+\cdots+\alpha_n\lambda_nu_n \end{aligned} \tag{3.39}$$

若第一个特征值 $\lambda_1=1$，$|\lambda_1|>|\lambda_2|\geqslant|\lambda_3|\geqslant\cdots\geqslant|\lambda_n|$，则

$$x^{(1)}=u_1+\alpha_2\lambda_2 u_2+\cdots+\alpha_n\lambda_n u_n$$

$$x^{(2)}=u_1+\alpha_2\lambda_2^2 u_2+\cdots+\alpha_n\lambda_n^2 u_n$$

$$\vdots$$

$$x^{(k-1)}=u_1+\alpha_2\lambda_2^{k-1} u_2+\cdots+\alpha_n\lambda_n^{k-1} u_n$$

$$\begin{aligned}x^{(k)}&=u_1+\alpha_2\lambda_2^k u_2+\cdots+\alpha_n\lambda_n^k u_n\\&=\lambda_1^k\left[u_1+\alpha_2\left(\frac{\lambda_2}{\lambda_1}\right)^k u_2+\cdots+\alpha_n\left(\frac{\lambda_2}{\lambda_1}\right)^k u_n\right]\end{aligned} \tag{3.40}$$

当 k 充分大时，可以得到

$$x^{(k)}\approx\lambda_1^k u_1 \tag{3.41}$$

$$x^{(k+1)}\approx\lambda_1^{k+1} u_1 \tag{3.42}$$

因此

$$x^{(k+1)}\approx\lambda\, x^{(k)} \tag{3.43}$$

$$\lambda_1\approx\frac{x^{(k+1)}}{x^{(k)}} \tag{3.44}$$

并且

$$x^{(k+1)}=Ax^{(k)} \tag{3.45}$$

$$Ax^{(k)}\approx\lambda_1 x^{(k)} \tag{3.46}$$

此时，$x^{(k)}$ 越来越接近 A 对应于 λ_1 的特征向量。这里前两个特征值的差别 $\left|\frac{\lambda_2}{\lambda_1}\right|$ 直接影响收敛速度，$\left|\frac{\lambda_2}{\lambda_1}\right|$ 越小，收敛速度越快。

算法 3.1 幂法的伪代码如下。

Power Method( )

{

$x^{(0)}=v$

$k=1$

repeat

$$x^{(k+1)} = Ax^{(k)}$$
$$\delta = \left| x^{(k+1)} - x^{(k)} \right|$$
$$k = k+1$$
$$\text{until}\ \delta < \varepsilon$$
}

虽然幂法能够解决 PageRank 的计算问题，但是时间较长，特别是对于高维矩阵的计算，幂法不能够满足人们的要求。收敛速度是保证幂法有效性的重要指标，为了达到“逐步求精”的目的，必须保证迭代过程的收敛性。为了提高迭代法的有效性，要求尽量提高它的收敛速度。

3.4.1.2　Aitken Extrapolation 算法

理论上，PageRank 算法经过有限次迭代后收敛，收敛的值就是最终对网页的评估值。外推算法是一种减少迭代次数的有效策略，Aitken Extrapolation 算法是一种用来求解 PageRank 的算法。Aitken Extrapolation 算法假设，经过若干步幂法迭代后，$x^{(k-2)}$ 可以被看作两个特征向量的线性组合，并且主特征向量 u_1 可以由 $x^{(k-2)}$、$x^{(k-1)}$、$x^{(k)}$ 线性表示

$$u_1 = x^{(k-1)} - \frac{(x^{(k-1)} - x^{(k-2)})^2}{x^{(k-2)} - 2x^{(k-1)} + x^{(k)}} \tag{3.47}$$

再以 u_1 近似替代主特征向量，继续进行幂法迭代。

3.4.1.3　Quadratic Extrapolation 算法

Quadratic Extrapolation 算法假设若干步幂法迭代后，迭代向量 $x^{(k-3)}$ 可以被看作三个特征向量的线性组合，这三个特征向量对应于模最大的三个特征值，并且可以得到近似的 u_2 和 u_3，从而得到新的 $x^{(k-3)}$。我们能够找到合适的 β_1、β_2、β_3，使得 u_2 和 u_3 的系数为 0，u_1 的系数为 1，最后利用最小二乘法可以将 u_1 表示为

$$u_1 = \beta_1 x^{(k-2)} + \beta_2 x^{(k-1)} + \beta_3 x^{(k)} \tag{3.48}$$

再以 u_1 近似主特征向量，继续进行幂法迭代。

3.4.2 General Extrapolation 算法

PageRank 算法是对网页进行基于权威值的排序处理，使得重要的网页出现在结果的最前面。PageRank 算法计算出的网页 PageRank 值决定了网页在结果集合中出现的位置，PageRank 值越高的网页，在结果中出现的位置也就越靠前。计算某个网页的 PageRank 值总是依赖于与其相连的其他网页，所以计算 PageRank 值实际上是一个迭代过程。而且 Google 搜索引擎中 PageRank 处理的矩阵是巨大的，在 PageRank 算法的执行过程中，占用时间最多的是每次迭代时矩阵与向量的 n^2 乘法运算，因此其迭代计算是非常耗时的。传统矩阵理论无法解决如此复杂的计算问题，所以对于 Google 而言，提高搜索速度最主要的是探索出有效的方法，使 PageRank 矩阵尽快达到收敛。

在此，我们提出了 General Extrapolation 算法。General Extrapolation 算法是一种能够加快 PageRank 算法收敛的外推方法。在 General Extrapolation 算法中，我们假设迭代向量 $x^{(k-n)}$ 可以由 n 个特征向量线性表示，然后对其进行进一步推导，将主特征向量近似地表示出来，进行了一定次数的迭代后，找到与主特征向量近似的向量，然后以此向量继续进行迭代，直到收敛，最后对其理论分析进行实验验证。

3.4.2.1 General Extrapolation 公式

我们设计的 General Extrapolation 算法是外推算法中求解 PageRank 的一种重要算法，是基于幂法的外推算法的推广。General Extrapolation 算法假设，矩阵 A 有 n 个特征向量，$x^{(k-n)}$ 由这 n 个特征向量线性表示。通过这种表示法，我们可以得到更精确的近似值，用公式描述如下

$$x^{(k-n)} = u_1 + \alpha_2 u_2 + \cdots + \alpha_n u_n \tag{3.49}$$

经过数次迭代后，结果如下

$$\begin{aligned} x^{(k-(n-1))} &= Ax^{(k-n)} \\ &\vdots \\ x^{(k-1)} &= Ax^{(k-2)} \\ x^{(k)} &= Ax^{(k-1)} \end{aligned} \tag{3.50}$$

假设 A 有 n 个特征向量，其中特征值 λ 满足下列特征多项式

$$P_A(\lambda)=\gamma_0+\gamma_1\lambda^1+\cdots+\gamma_n\lambda^n \tag{3.51}$$

由于矩阵 A 的第一个特征值 λ_1 是 1，我们可以得到

$$P_A(1)=0 \tag{3.52}$$

即

$$\gamma_0+\gamma_1+\cdots+\gamma_n=0 \tag{3.53}$$

根据 Cayley-Hamilton 定理[34]，可以得出

$$P_A(A)=0 \tag{3.54}$$

因为 R^n 中的任何向量都有

$$P_A(A)z=0 \tag{3.55}$$

也就是

$$\left[\gamma_0 I+\gamma_1 A+\cdots+\gamma_n A^n\right]z=0 \tag{3.56}$$

令

$$z=x^{(k-n)}$$

$$\left[\gamma_0 I+\gamma_1 A+\cdots+\gamma_n A^n\right]x^{(k-n)}=0 \tag{3.57}$$

根据式（3.50）可以得到

$$\gamma_0 x^{(k-n)}+\gamma_1 x^{(k-(n-1))}+\cdots+\gamma_n x^{(k)}=0 \tag{3.58}$$

$$(-\gamma_1-\gamma_2-\cdots-\gamma_n)x^{(k-n)}+\gamma_1 x^{(k-(n-1))}+\cdots+\gamma_n x^{(k)}=0 \tag{3.59}$$

将式（3.30）重新整理可得

$$\left(x^{(k-(n-1))}-x^{(k-n)}\right)\gamma_1+\left(x^{(k-(n-2))}-x^{(k-n)}\right)\gamma_2+\cdots+\left(x^k-x^{(k-n)}\right)=0 \tag{3.60}$$

而且定义

$$y^{(k-(n-1))}=\left(x^{(k-(n-1))}-x^{(k-n)}\right)$$

$$y^{(k-(n-2))}=\left(x^{(k-(n-2))}-x^{(k-n)}\right)$$

$$\vdots$$

$$y^k=\left(x^k-x^{(k-n)}\right) \tag{3.61}$$

由式（3.61）得

$$\gamma_0+\gamma_1\lambda^1+\cdots+\gamma_n\lambda^n=0 \tag{3.62}$$

令

$$\gamma_n=1 \tag{3.63}$$

将式（3.62）两边同时除以 γ_n，有

$$\frac{1}{\gamma_n}(\gamma_0+\gamma_1\lambda^1+\cdots+\lambda^n)=0\times\frac{1}{\gamma_n} \tag{3.64}$$

根据式（3.61），将式（3.59）重新整理为

$$\left(y^{(k-(n-1))}y^{(k-(n-2))}\cdots y^{(k-1)}\right)\begin{pmatrix} r_1\\ r_2\\ \vdots\\ r_{n-1}\end{pmatrix}=-y^{(k)} \tag{3.65}$$

因为马尔可夫矩阵 A 的第一个特征值 $\lambda^1=1$，所以有

$$\begin{aligned} q_A(\lambda)&=\frac{P_A(\lambda)}{1-\lambda}\\ &=\beta_0+\beta_1\lambda^1+\cdots+\beta_{(n-1)}\lambda^{(n-1)} \end{aligned} \tag{3.66}$$

由式（3.66），可以求出 $\beta_0,\beta_1,\cdots,\beta_{(n-1)}$

$$\begin{aligned} \beta_0&=\gamma_1+\gamma_2+\cdots+\gamma_n\\ \beta_1&=\gamma_2+\gamma_3+\cdots+\gamma_n\\ &\vdots\\ \beta_{(n-1)}&=\gamma_n \end{aligned} \tag{3.67}$$

其中，$\gamma_1,\gamma_2,\cdots,\gamma_{(n-1)}$ 可以通过最小二乘法求出。式（3.65）有根，当且仅当

$$\begin{cases} \dfrac{\partial f(\gamma_1,\gamma_2,\cdots,\gamma_n)}{\partial\gamma_1}=0\\ \dfrac{\partial f(\gamma_1,\gamma_2,\cdots,\gamma_n)}{\partial\gamma_2}=0\\ \quad\vdots\\ \dfrac{\partial f(\gamma_1,\gamma_2,\cdots,\gamma_n)}{\partial\gamma_{n-1}}=0 \end{cases} \tag{3.68}$$

随后可以求出 u_1 的近似表示

$$u_1 = \beta_0 x^{(k-(n-1))} + \beta_1 x^{(k-(n-2))} + \cdots + \beta_{(n-1)} x^{(k)} \tag{3.69}$$

再利用近似主特征向量 u_1 继续迭代。

3.4.2.2　General Extrapolation 实现

General Extrapolation 算法的伪代码如下。

Function $x^* = \text{General Extrapolation}(x^{(k-n)}, x^{(k-(n-1))}, \cdots, x^{(k)})$

{

for $i = k-(n-1):k$

$y^{(i)} = x^{(i)} - x^{(k-n)};$

end

$$(y^{(k-(n-1))}\, y^{(k-(n-2))} \cdots y^{(k-1)}) \begin{pmatrix} r_1 \\ r_2 \\ \vdots \\ r_{n-1} \end{pmatrix} = -y^{(k)}$$

$$\begin{cases} \dfrac{\partial f(\gamma_1, \gamma_2, \cdots, \gamma_n)}{\partial \gamma_1} = 0 \\ \dfrac{\partial f(\gamma_1, \gamma_2, \cdots, \gamma_n)}{\partial \gamma_2} = 0 \\ \vdots \\ \dfrac{\partial f(\gamma_1, \gamma_2, \cdots, \gamma_n)}{\partial \gamma_{n-1}} = 0, \end{cases}$$

$\beta_0 = \gamma_1 + \gamma_2 + \cdots + \gamma_n;$

$\beta_1 = \gamma_2 + \gamma_3 + \cdots + \gamma_n;$

$\vdots$

$\beta_{n-1} = \gamma_n;$

$x^* = \beta_0 x^{(k-(n-1))} + \beta_1 x^{(k-(n-2))} + \cdots + \beta_{(n-1)} x^{(k)}$

}

General Extrapolation Power Method 算法的伪代码如下。

Function $x^{(n)}$ = General Extrapolation Power Method

{

$k=1;$

$x^{(0)}=\left(\frac{1}{N},\frac{1}{N},\cdots,\frac{1}{N}\right);$

repeat

$x^{(k)}=Ax^{(k-1)};$

$\delta=\left\|x^{(k)}-x^{(k-1)}\right\|_1;$

periodically

$x^{(k)}=\text{GeneralExtrapolation}(x^{(k-n)},x^{(k-(n-1))},\cdots,x^{(k)})$

$k=k+1;$

until $\delta<\varepsilon$;

}

3.4.2.3 生成高维随机矩阵

我们把整个 Web 网络看作一张图，其中每个网页用节点表示，网页之间的链接关系用边表示。高维随机矩阵就是反映网页链接关系的邻接矩阵，产生满足 Web 网页超链关系的高维随机矩阵的具体过程如下。

首先随机生成 n 个链接节点，然后为每个生成的链接节点随机安排位置，其对应元素值为 $\frac{1}{n}$，也就是矩阵列元素之和为 1。不断重复上述过程，直至为所有的随机位置赋值完成，至此相当于构造了一个网页链接关系图。此高维随机矩阵的特点是，首先根据机器的内存设置随机矩阵的维数初值，随机矩阵存在链接的位置是随机的，链接位置上的值也是 0—1 的随机数。

根据 PageRank 所要处理的矩阵的特点，我们设计了产生高维随机矩阵的算法，此随机矩阵在一定程度上描述了纷繁复杂的网络链接关系，因为矩阵是高维的，所以能够反映大量网页的链接关系。由此产生的高维随机矩阵为后面的实验提供了能够反映真实网络链接关系的可靠的实验数据。

产生高维随机矩阵的伪代码如下。

```
Function P_{n×n} = StochasticMatrix( )
{
for j = 1 : n
a = fix(rand* s )+1;
for i = 1 : a
b=fix(rand*( n - 1))+1;
if (P(b,j) ≠ 0)
b=fix(b/2)+1;
end
while(P(b,j) ≠ 0)
b=b+1;
end
P(b,j)=1/a;
end
end
}
```

3.4.2.4 实验结果与分析

Kamvar 等[35]使用来自斯坦福大学 2002 年的 Stanford Web Base 项目用到的两个数据集。我们的实验使用的是能够反映网页链接关系的高维随机矩阵算法产生的数据集。其中，迭代矩阵

$$A = dP^T + (1-d)E \tag{3.70}$$

P 是前文定义的邻接矩阵，E 是 $n \times n$ 的矩阵，矩阵中的所有元素都是 $\frac{1}{n}$（n 为外推周期）。在实验中，鉴于机器的配置问题，我们使用的矩阵是 $A_{2000\times2000}$，通过幂法迭代 360 次。Aitken Extrapolation 算法的外推周期的取值为 5，而 General Extrapolation 算法的外推周期的取值为 4，根据上述理论分析，我们知道，n 越大，计算也就越准确。General Extrapolation 算法的外推周期的取值同样为 5。这三种算法进行了相同次数的迭代后，通过求向量的 2-范数，得到各种算法的收敛误差。

通过实验，我们能够计算出 Power Method、Aitken Extrapolation 以及 General Extrapolation 这三种算法的收敛误差，如表 3.3 所示。从表 3.3 中我们可以看到，General Extrapolation 算法的收敛误差明显要比其他两种算法小。

表 3.3　各算法的收敛误差比较

算法	Power Method	Aitken Extrapolation	General Extrapolation
收敛误差	2.3104e-004	2.2965e-004	9.7075e-041

3.4.3　Acceleration Extrapolation 算法

3.4.3.1　Acceleration Extrapolation 公式

实际计算中的数据仅仅是近似值，由于是近似值，在计算机上表示数据会进一步造成误差，并且可能在冗长程序的每一步上均增加并传播了前面各步引入的误差。如果一个迭代的过程是收敛的，只要迭代次数足够多，就可以使结果达到任意精度。但是有时迭代过程的收敛速度缓慢，计算量大，这时需要考虑加速收敛的方法。迭代过程收敛速度缓慢的原因是，有的迭代公式在迭代过程中的误差不易减小。因此，我们首先考虑迭代误差，然后引入迭代加速公式。

Acceleration Extrapolation 算法也是一种加速 PageRank 计算的外推方法，是在已经由 General Extrapolation 算法得到与主特征向量近似的向量的基础上分析向量的特点，并对其进行迭代计算，以达到加速的目的。

通过分析可以知道，对 PageRank 进行迭代计算后，误差多集中在矩阵特征值较大的那些项。因此，要减少误差，就要消除那些项中的一部分，从而使收敛速度加快，在不增加空间存储的基础上减少消耗时间。General Extrapolation 算法和 Acceleration Extrapolation 算法就是两种能有效加快收敛速度的方法。我们首先假设通过 General Extrapolation 算法已经得到了向量 $x^{(k)},x^{(k+1)},x^{(k+2)},\cdots,x^{(k+(m-1))}$，也就是在已有的向量 $A^{(k)}v,A^{(k+1)}v,A^{(k+2)}v,\cdots,A^{(k+m-1)}v$ 中寻找主特征向量 u_1 的近似值来进一步迭代计算。

PageRank 先是建立 Web 网的邻接矩阵，然后把该矩阵处理成某个马氏链的转移概率矩阵，通过对 PageRank 理论的仔细研究，根据 Markov 过程理论和矩阵理论做进一步推导，向量 u_1 是初始向量通过迭代后的最终向量，即要求解的 PageRank 值，由此问题转化为对矩阵 A 的主特征向量（特征值 $\lambda=1$）进行求解。Acceleration Extrapolation 算法的目的是在 $Span\{A^k v, A^{k+1}v, A^{k+2}v, \cdots, A^{k+m-1}v\}$ 中找到主特征向量 u_1 的近似特征向量。Acceleration Extrapolation 算法是首先对 General Extrapolation 算法得到的特征向量进行处理，并以此为初始向量进行进一步计算，假设矩阵

$$L = (A^k v, A^{(k+1)}v, \cdots, A^{(k+m-1)}v) \in R^{(n\times m)} \tag{3.71}$$

其中，向量

$$A = (A_0, A_1, \cdots, A_{m-1})^T \in R^m \tag{3.72}$$

并且令

$$x = La \in Span\{A^k v, A^{(k+1)}v, \cdots, A^{(k+m-1)}v\} \tag{3.73}$$

根据概率本身的含义，对每一次迭代计算的结果进行规范化处理，则有

$$x = \frac{x}{\|x\|_2} \tag{3.74}$$

并且满足

$$\varepsilon = \min_{a_x, \cdots, a_{m-1}} \|Ax - x\|_2^2 \tag{3.75}$$

的 x，就认为此 x 是 $Span\{A^k v, A^{(k+1)}v, \cdots, A^{(k+m-1)}v\}$ 中 u_1 的最佳近似向量，即

$$\varepsilon = \phi(a) = (Ax - x)^T (Ax - x) \tag{3.76}$$

ε 要达到极小，其中

$$x = \frac{La}{(a^T L^T La)^{\frac{1}{2}}} \tag{3.77}$$

令 $\varphi'(a) = 0$，可以得到一个 m 元 m 次方程组。但是 m 次方程组的求解方法一般是计算多项式根的问题或者通过迭代求解，这使得计算较复杂。因此，在求解 ε 极小值时，假设

$$\sum_{i=0}^{m-1} a_i = 1 \tag{3.78}$$

则

$$x = A^k v + a_1(A^{k+1}v - A^k v) + \cdots + a_{m-1}(A^{k+m-1} - A^k v) \tag{3.79}$$

又因为

$$\left\|x^{(k+1)} - x^{(k)}\right\|_1 \leqslant 2\alpha^{k+1} \qquad (3.80)$$

所以

$$\|x\|_1 \leqslant 1 + 2|a_1|a^{k+1} + 2|a_2|(a^{k+2} + a^{k+1}) + \cdots + 2|a_{k-1}|(a^{k+m-1} + \cdots + a^{k+1}) \qquad (3.81)$$

$$\|x\|_1 \geqslant 1 - 2|a_1|a^{k+1} - 2|a_2|(a^{k+2} + a^{k+1}) - \cdots - 2|a_{k-1}|(a^{k+m-1} + \cdots + a^{k+1}) \qquad (3.82)$$

由式（3.81）和式（3.82）可以得到

$$\|x\|_1 \to 1 \qquad (3.83)$$

其中 $k \to \infty$。

由此，我们可以看到，在1范数相同的情况下，保证求 ε 极小值时计算得到的 x 要比 $A^k v$, $A^{k+1} v$,…, $A^{k+m-1} v$ 更接近于 u_1。定义

$$D = (A^{k+2}v - A^{k+1}v + A^k v - A^{k+1}v, \cdots, A^{k+m}v - A^{k+m-1}v + A^k v - A^{k+1}v) \in R^{n\times(m-1)} \qquad (3.84)$$

$$y = A^k v - A^{k+1} v \qquad (3.85)$$

则

$$Ax - x = Da - y \qquad (3.86)$$

由此，原问题转化为求解

$$\varphi(a) = a^T D^T Da - 2y^T Da + y^T y \qquad (3.87)$$

这里的 D 是列满秩，而且对称阵 $D^T D$ 为正定的。其中，求 $\varphi(a)$ 的极小值等价于求解 $\varphi'(a) = 0$

对式（3.72）求解可得

$$A = (D^T D)^{-1} D^T y \qquad (3.88)$$

进一步可以得到

$$x = A^k v + a_1(A^{k+1}v - A^k v) + \cdots + a_{m-1}(A^{k+m-1} - A^k v) \qquad (3.89)$$

再以 x 为初始向量继续幂法迭代，就可以逼近真正的主特征向量 u_1，从而使收敛更加迅速。

Acceleration Extrapolation 算法中使用的迭代向量是通过 General Extrapolation

算法得到的 $x^{(k)}, x^{(k+1)}, x^{(k+2)}, \cdots, x^{(k+(m-1))}$，即已经得到了向量 $A^{(k)}v, A^{(k+1)}v, A^{(k+2)}v, \cdots, A^{(k+m-1)}v$，然后根据这些向量继续进行迭代，迭代过程将持续，直到误差小于一个特定的值 ε，循环退出时，已经循环的次数就是迭代次数，迭代次数越少，则表明收敛速度越快。

3.4.3.2　Acceleration Extrapolation 实现

本章的数值实验程序由 MATLAB 7.1 编写和执行。由于 MATLAB 对同一程序每次给出的运行时间是不相同的，因此会有偏差。为了使结果更加精确，本书中给出的程序运行时间均为执行 10 次的平均运行时间。

接下来描述在 Epa.dat、California.dat、Stanford-web.dat 和 Stanford-berkeley-web.dat 这 4 个数据集上不同算法的运行结果，卡内基梅隆大学和斯坦福大学曾在其相关网址上公布过以上这 4 个数据集。

Epa.dat、California.dat、Stanford-web.dat 和 Stanford-berkeley-web.dat 这 4 个数据集分别描述了 4 个大型网络站点的网页链接关系。其中，Epa.dat 数据集包括 4772 个网页，邻接矩阵的阶数为 4772×4772（图 3.8）。California.dat 数据集包括 9664 个网页，邻接矩阵的阶数为 9664×9664（图 3.9）。Stanford-web.dat 数据集包括 281 903 个网页，邻接矩阵的阶数为 $281\,903 \times 281\,903$。Stanford-berkeley-web.dat 数据集包括 683 446 个网页，邻接矩阵的阶数为 $683\,446 \times 683\,446$。这 4 个数据集为 General Extrapolation 算法和 Acceleration Extrapolation 算法的实验验证提供了满足现实网络链接关系的可靠数据。

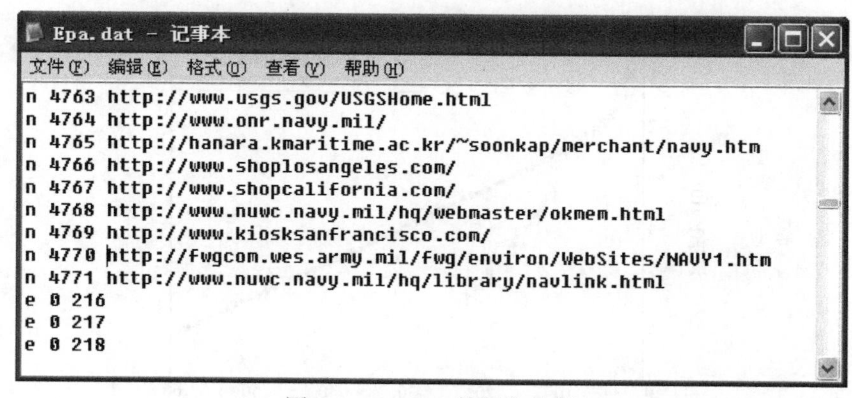

图 3.8　Epa.dat 数据集示例

图 3.9　California.dat 数据集示例

图 3.8 是 Epa.dat 数据集示例，图 3.9 是 California.dat 数据集示例，本部分的实验是基于 Epa.dat 和 California.dat 这两个数据集进行的。

3.4.3.3　实验结果与分析

我们对 Power Method、General Extrapolation 及 Acceleration Extrapolation 算法进行数值实验，观察这几个算法的计算收敛速度，见图 3.10—图 3.13。图中的横坐标和纵坐标分别表示使用这 3 种算法计算的迭代次数和误差，截止误差取 10^{-6}，不同的方法用不同的曲线表示。根据 Brin 和 Page 的研究，对于 Power Method、General Extrapolation 以及 Acceleration Extrapolation 算法，我们都取阻尼系数 $d=0.85$。从图 3.10—图 3.13 中可以明显看出，在达到同样误差限，

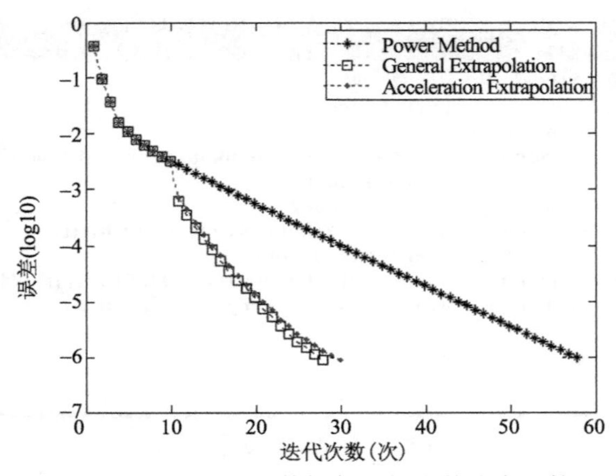

图 3.10　在 Epa.dat 数据集上的收敛速度比较

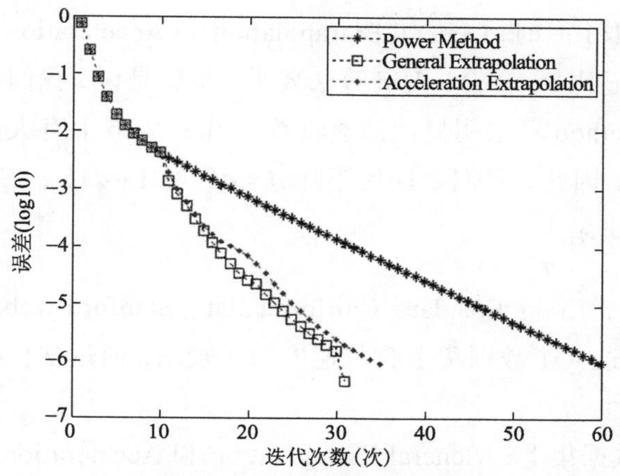

图 3.11　在 California.dat 数据集上的收敛速度比较

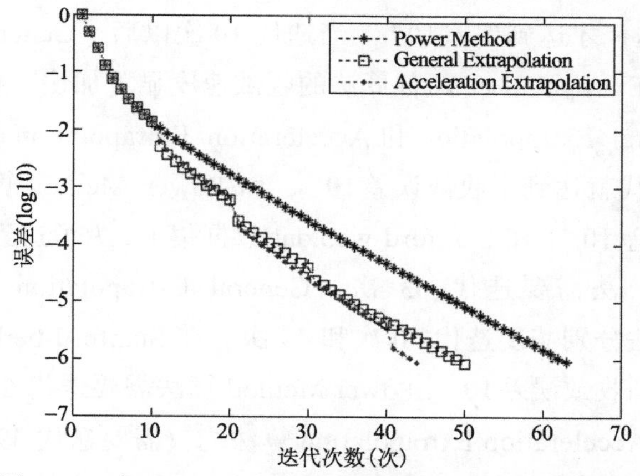

图 3.12　在 Stanford-web.dat 数据集上的收敛速度比较

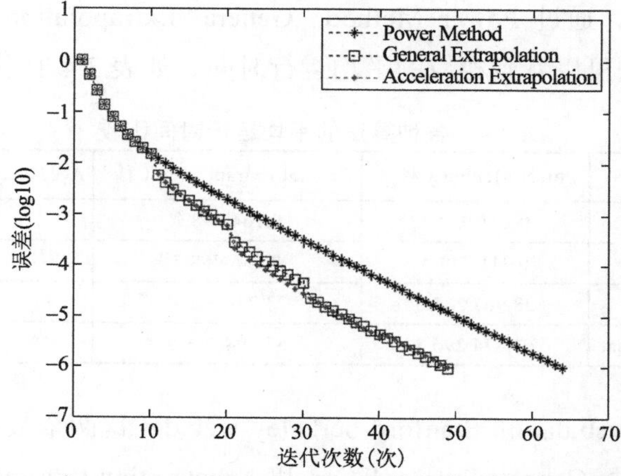

图 3.13　在 Stanford-berkeley-web.dat 数据集上的收敛速度比较

迭代的截止误差取10^{-6}时，General Extrapolation 和 Acceleration Extrapolation 算法的迭代次数明显比 Power Method 算法要少。也就是说，我们可以看出这两种算法比 Power Method 算法明显地加速收敛。由于 Web 上有大量悬挂点，也就是出度为 0 的点，因此，我们令迭代矩阵 $A = dP^T + (1-d)E$，E 是 $n \times n$ 的矩阵，矩阵各个元素值均为 $\frac{1}{n}$。

图 3.10—图 3.13 是 Epa.dat、California.dat、Stanford-web.dat 和 Stanford-berkeley-web.dat 这 4 个数据集上收敛速度的比较图，通过迭代次数和收敛误差可以看到其收敛性。

在 Epa.dat 数据集上，General Extrapolation 和 Acceleration Extrapolation 算法分别进行了 28 次和 30 次迭代就达到了收敛误差10^{-6}，而 Power Method 算法却进行了 58 次迭代才达到误差10^{-6}。当迭代 10 次以后，General Extrapolation 和 Acceleration Extrapolation 两种算法的收敛速度显著加快。在 California.dat 数据集上，General Extrapolation 和 Acceleration Extrapolation 算法分别进行了 31 次和 35 次迭代就达到了收敛误差10^{-6}，而 Power Method 算法却进行了 60 次迭代才达到误差10^{-6}。在 Stanford-web.dat 数据集上，为了达到收敛误差10^{-6}，Power Method 算法需要迭代 63 次，General Extrapolation 和 Acceleration Extrapolation 算法分别需要迭代 50 次和 44 次。在 Stanford-berkeley-web.dat 数据集上，为了达到收敛误差10^{-6}，Power Method 算法需要迭代 64 次，而 General Extrapolation 和 Acceleration Extrapolation 算法均仅需要迭代 49 次。

在 Epa.dat、California.dat、Stanford-web.dat 和 Stanford-berkeley-web.dat 这 4 个数据集上，通过 Power Method、General Extrapolation 和 Acceleration Extrapolation 算法可以看到相应的平均运行时间，如表 3.4 所示。

表 3.4 各种算法的平均运行时间比较

数据集	Power Method（秒）	General Extrapolation（秒）	Acceleration Extrapolation（秒）
Epa.dat	0.225 920 7	0.164 488 0	0.128 341 7
California.dat	0.311 749 4	0.236 458 7	0.176 038 4
Stanford-web.dat	28.967 265 6	23.746 536 0	20.851 180 5
Stanford-berkeley-web.dat	63.874 296 8	57.194 318 6	49.571 219 8

在 Stanford-web.dat 和 Stanford-berkeley-web.dat 这两个数据集上，虽然达到相同误差10^{-6}时，General Extrapolation 和 Acceleration Extrapolation 算法所需

要的迭代次数相差不大，但是因为每次迭代所需要的时间不尽相同，因此我们又对各个算法达到相同误差时所需要的时间进行了对比。我们从表 3.4 中可以看到，General Extrapolation 和 Acceleration Extrapolation 算法都在一定程度上加快了收敛速度。特别是在 Stanford-web.dat 和 Stanford-berkeley-web.dat 两大数据集上，加速效果更明显。在 PageRank 计算过程中，加速外推法可以多次使用，执行加速外推可以使加速后 PageRank 计算的收敛速度加快。这是因为在进行多次迭代后，误差主要集中在特征值较大的那些项。这里，我们取迭代的截止误差为10^{-6}，因为每次的运算时间存在误差，因此我们选取 10 次运算的平均结果，计时单位为秒。

3.5　随机初始吸引度演化模型

3.5.1　模型的提出

在许多现实系统中，存在着少量的异常节点，它们并不是按照 BA 网络演化模型的择优连接原则来获得新边的。对于这些网络的节点，在早期演化的时间步里，它们可能连接了很少的边。根据节点度择优连接原则，它们获得新边的概率应该很小。但是由于其他一些原因，它们却具有一个较大的连接概率来获得新边的能力。例如，加入互联网中的新的网页如果具有很高的权威性且内容新颖，往往能够得到比旧的网页更多的连接；最近有参考价值的文章往往比以往发表的文章更容易被人们引用。从这些现象中我们可以得到，相对“年轻”的节点由于其自身所具有的内在属性和特点，可以吸引更多的连接，由此可知，已有节点吸引新节点的能力并不是仅仅取决于它们的连接数与全局连接数之比，还应该考虑到新加入节点的年轻属性，这是 BA 网络演化模型没有考虑到的重要一点，这种现象是 BA 网络演化模型的择优连接原则无法解释的。

尽管 BA 网络演化模型能够很好地描述现实中大部分网络的最基本特点，能够较好地解释无标度网络的演化形成机制，但是它对现实网络具体情况的描述过于简单，主要表现在以下几个方面。

1）由于网络中某些节点的老化等原因，这些老化的节点在演化过程中会随着时间逐渐消失。例如，对于一个网站，其网页不经常更新或者没有参考价值会导致浏览者减少，甚至用户根本不去浏览和关注。

2）虽然整个网络节点数量变化的整体趋势是不断增长的，即网络的增长性，但是这并不意味着在每一个演化时间步都有一个新的节点加入网络中。由此可以得到，对于每一个演化时间步，并不一定存在一个新的节点加入网络中。Web页之间的超链接中包含了许多有用的信息，一个网页指向另一个网页的超链接体现了该网页被引用的情况，如果大量的超链接都指向了同一个网页，我们就认为这个网页是一个权威网页。

3）在BA网络演化模型中，在每一个时间步增加一个新节点，就会有一条新边所连接。但是在现实网络中，演化的边数并不是线性增长的，许多网络呈加速增长的情况，是非线性增长。

DMS模型是在BA网络演化模型的基础上改进的，它考虑了节点的年轻属性，也就是考虑了节点的初始吸引度，并且随着节点连接数的增加，初始吸引度的作用会降低。但是，DMS模型假设每个节点的初始吸引度是一个常数，节点之间的吸引度是相互独立的，即每个节点的吸引度是相同的，且网络节点总的吸引度随着时间变化呈线性增长，这与实际情况是不相符合的。现实中网络节点的吸引度之间是相互关联的，其中某个节点吸引度的增大会导致其他节点吸引度的减小。

在现实世界中，有许多复杂网络节点的初始吸引度是随着时间变化的，例如，互联网中网页的初始吸引度就具有实效性，有些网页最初可能比较新颖，如果不及时更新，网页中的可用信息就会减少，初始吸引度自然就会减小。

因此，根据现实世界中网络具有的特性，我们建立了一个新的网络演化模型，即随机初始吸引度网络演化模型。这个模型必须满足以下两个要求：节点的初始吸引度不是完全相同的，而且具有随机性；节点的初始吸引度的作用会随着节点连接数的增加而减弱。

网络的演化过程与网络的拓扑分析是无标度网络研究内容的基础，而网络演化过程中的演化规则是网络演化的最核心部分。为了同时满足以上两个要求，只需要将DMS模型中的常数k_0改为随机变量δ，然后再修改网络演化机制的择优连接性原则即可。

具有随机初始吸引度的网络演化规则过程如下。

1）增长性：网络从起初数量为m_0个节点开始，在每个时间步增加一个新的节点，在已经存在的节点中选择 $m(m \leqslant m_0)$ 个节点与新加入的节点相连接，这与 BA 网络演化模型是相一致的。

2）择优连接性：假设新加入的节点与已经存在节点的连接概率 π 与节点 i 的度 k_i 有关，即

$$\prod_{j->i} = \frac{k_i + \delta_i}{\sum_l (k_l + \delta_l)} \tag{3.90}$$

其中，k_i 是节点 i 的度数；δ_i 为节点 i 的初始吸引度；$\sum_l (k_l + \delta_l)$ 为网络中其余节点的度数与初始吸引度之和。$\delta_i(-m < \delta_i < \infty)$ 是服从给定度分布的随机变量，是单位时间内获得连接数量的多少。引入随机变量 δ 是因为其对幂律指数有影响，使 δ 能够更灵活地研究模型的行为，并可能使网络模型成为现实世界网络最准确的表示。

3.5.2　理论分析

有许多种理论分析方法可用于研究无标度网络演化模型的动力学特征，对 BA 网络演化模型度分布的理论研究方法主要有连续域理论研究方法、速率方程法和主方程法[36]，由此可以得到网络节点度分布的解，这三种方法所得到的度分布演化规律的结果是相同的。

本书依据连续域理论研究方法得到网络演化模型随时间演化的度分布规律，网络演化模型中任意一个节点 i 随时间的演化关系可以通过连续域理论近似的方法求得。

3.5.2.1　连续域理论研究方法

连续域理论研究方法[37]，也称平均场方法，是一种连续近似的方法。它是获得网络拓扑性质的定性描述。其基本思想是将本来离散的节点度连续化，然后根据每一个演化时间步内网络整体的度的变化情况，按照连接概率平均到网络的每个节点中，从而得到关于节点度的演化方程，再通过求解演化方程得到度分布的演化情况[38-39]。计算网络的度分布演化情况，是因为网络演化模型随时间变化的度分布反映了演化过程中模型的重要拓扑信息，是网络模型的一个

重要几何量，所以节点 i 连接到边和删除边的概率可以看成是网络度值 $k_i(t)$ 的连续变化率。

考虑到时间与给定的节点 i 的度 k_i 有关，每一个时间步加入一个新节点进入网络与节点 i 相连接，假设 k_i 是一个连续随机变量，k_i 变化的速率与概率成正比，因此网络的节点度 k_i 满足下面的动态方程

$$\frac{\partial k_i}{\partial t}=m\prod(k_i)=m\frac{k_i}{\sum_j k_j} \tag{3.91}$$

因为一个节点的度贡献为 2，所以 $\sum_j j=2mt$，从而可以得到

$$\frac{\partial k_i}{\partial t}=\frac{k_i}{2t} \tag{3.92}$$

假设第 i 个节点在 t_i 时刻进入网络时，每个新节点进入网络的初始度具有 $k_i(t_i)=m$，于是满足这一初始条件的方程的解为

$$k_i(t)=m\left(\frac{t}{t_i}\right)^{\beta},\beta=\frac{1}{2} \tag{3.93}$$

所有节点的度都是以同样的方式进行演化的，即网络度分布都服从幂律分布，只是幂律分布的截距不同。在 t_i 时刻加入网络的节点在 t 时间步的度小于 k 的概率，可以得到

$$P[k_i(t)\leqslant k]=P\left(t_i\geqslant\frac{m^{\frac{1}{\beta}}t}{k^{\frac{1}{\beta}}}\right) \tag{3.94}$$

由于每一个时间步 t 都有且仅有一个新节点加入该网络中，因此 t_i 服从均匀分布，则 t_i 时间步的概率密度函数为

$$P(t_i)=\frac{1}{m_0+t} \tag{3.95}$$

将式（3.95）代入式（3.94）可以得到

$$P[k_i(t)\leqslant k]=P\left(t_i\geqslant\frac{m^{\frac{1}{\beta}}t}{k^{\frac{1}{\beta}}}\right)=1-\frac{m^{\frac{1}{\beta}}t}{k^{\frac{1}{\beta}}(m_0+t)} \tag{3.96}$$

于是可以得到网络节点的度分布 $P(k_i)$ 为

$$P(k_i)=\frac{\partial p[k_i(t)\leqslant k]}{\partial k}=\frac{m^{\frac{1}{\beta}}t}{\beta(m_0+t)}\times\frac{1}{k^{\frac{1}{\beta}+1}} \tag{3.97}$$

当 $t\to\infty$ 时，对 t 求极限

$$P(k_i)\propto\beta^{-1}m^{\frac{1}{\beta}}k^{-r}, r=1+\frac{1}{\beta}=3 \tag{3.98}$$

对于上述公式，当初始度 $m=3$ 时，看看网络度分布演化连接概率情况是否符合幂律形式，其网络的度分布 $P(k)$ 随 k 的表现是幂律形式的，由此可知，此网络是无标度网络（图 3.14）。

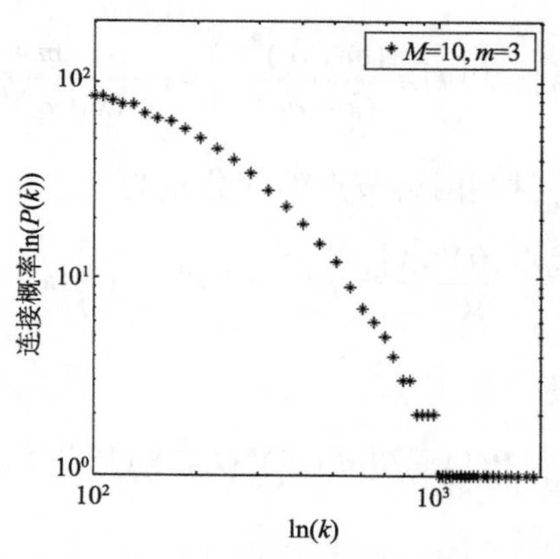

图 3.14　网络度分布演化连接概率情况

从图 3.14 中我们可以得到，$P(k_i)\sim 2m^2k^{-3}$，度分布函数的幂指数 $r=3$，与模型的参数无关，即尽管网络规模是不断增长的，但是增长到最后都能够达到稳定的无标度状态。

3.5.2.2　随机初始吸引度模型的理论分析

根据复杂网络演化模型，可以研究现实世界网络演化模型的统计规律[41]，检验 BA 网络演化模型的择优连接性假设，理论上可以发展出更完善的具有特定几何性质的网络机制演化模型。网络中存在的每个节点对加入的新节点都有一定的吸引力，节点本身具有的对新节点的吸引能力被定义为吸引度。

我们用连续域理论方法来分析随机初始吸引度网络演化模型，假设用 $<\delta>$ 来表示变量 δ 的数学期望，引入此概念是因为数学期望反映了随机变量取值的

平均水平，则按照连续域理论方法可以得到

$$\frac{\partial k_i}{\partial t}=m\prod(k_i)=m\frac{k_i+\delta_i}{\sum_j(k_j+\delta_j)}=\frac{k_i+\delta_i}{2t+m^{-1}\sum_j\delta_j}=\frac{k_i+\delta_i}{2t+m^{-1}<\delta>t} \tag{3.99}$$

同理，结合每个新进入网络节点的初始条件 $k_i(t_i)=m$ ，可以得到式（3.99）的解为

$$k_i(t)=-\delta_i+(m+\delta_i)\left(\frac{t}{t_i}\right)^{\frac{1}{\beta}},\beta=2+\frac{<\delta>}{m} \tag{3.100}$$

进一步可以得到在 t_i 时刻加入网络的节点在 t 时间步的度小于 k 的连接概率

$$P[k_i(t)\leqslant k]=P\left(t_i\geqslant\frac{(m+\delta_i)^\beta t}{(k+\delta_i)^\beta}\right)=1-\frac{(m+\delta_i)^\beta t}{(k+\delta_i)^\beta(m_0+t)} \tag{3.101}$$

由此可以得到节点 i 在 t_i 时刻网络节点的度分布为

$$P(t_i)=\frac{\partial p[k_i(t)\leqslant k]}{\partial k}=\beta(m+\delta_i)^\beta\frac{t}{m_0+t}(k+\delta)^{-(\beta+1)} \tag{3.102}$$

当 $t\to\infty$ 时，对 t 求极限

$$P_i(k)\approx\beta(m+\delta_i)^\beta(k+\delta_i)^{-(\beta+1)} \tag{3.103}$$

对式（3.103）两边取对数

$$\ln(P_i(k))=\ln(\beta)+\beta\ln(m+\delta_i)-(\beta+1)\ln(k+\delta_i) \tag{3.104}$$

由式（3.104）可知，节点 i 的度分布与时间 t 无关，当 k 稍大时，节点初始吸引度的影响就会很小，因此当 k 稍大时，有

$$\frac{\partial\ln(P(k))}{\partial(\ln(k))}\approx-(\beta+1) \tag{3.105}$$

即网络所有节点的度分布均近似服从指数为

$$r=\beta+1=3+\frac{<\delta>}{m} \tag{3.106}$$

的幂律分布形式，这表明由随机初始吸引度模型所生成的网络是无标度网络，是对 BA 网络演化模型的改进和扩展。本书所介绍的研究方法可以使人们更好地了解这种网络类型的结构，并以此改善网络，更好地满足人们的需要。

3.5.3 实验结果与分析

为了检验随机初始吸引度网络演化模型的正确性，取随机变量 δ 的分布为均匀分布，此网络的演化规模是 $N = 20\,000$ 个节点，我们模拟了描述的随机初始吸引度的网络演化模型。图 3.15—图 3.17 是当 δ 取不同值时，其理论结果和模拟结果的对比图。此网络的初始节点为 $m_0 = 3$ 个，每次新增加的边数都为 $m = 3$ 条边，图中的横、纵坐标轴均为双对数形式。其中，横坐标代表网络的度变化分布情况，纵坐标代表网络的度连接概率分布情况。

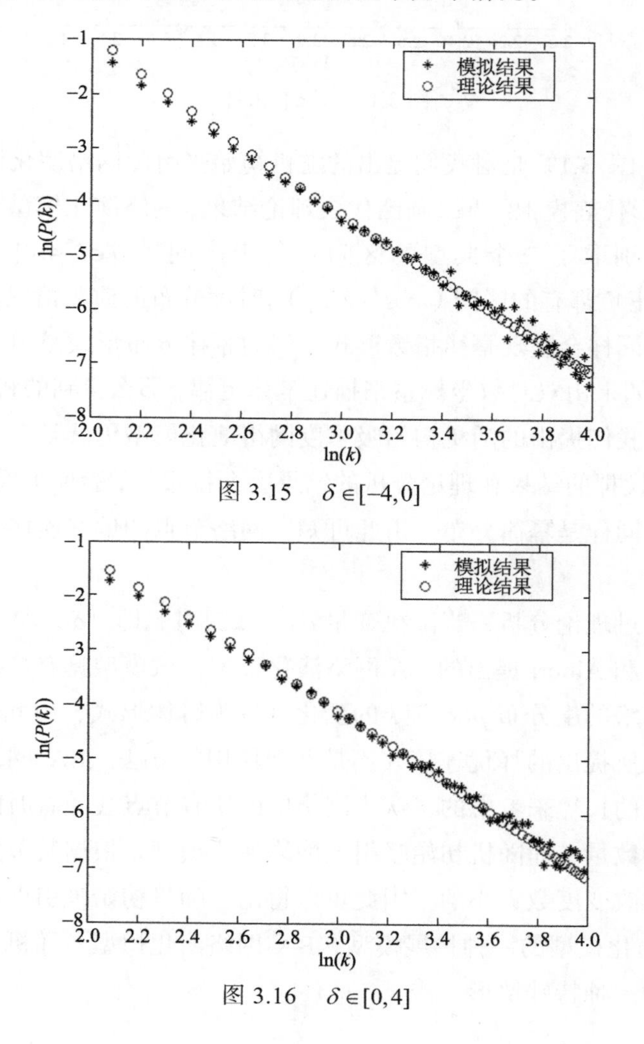

图 3.15 $\delta \in [-4,0]$

图 3.16 $\delta \in [0,4]$

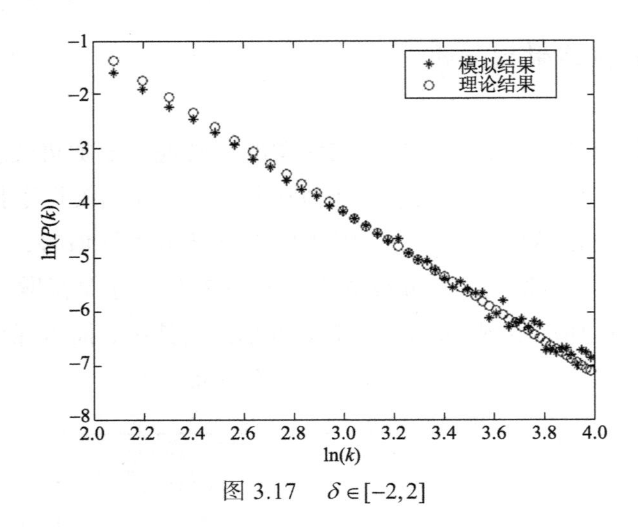

图 3.17　$\delta \in [-2,2]$

图 3.15—图 3.17 是对我们提出的随机初始吸引度网络演化模型进行的模拟。其中，星形代表模拟结果，圆圈代表理论结果，网络演化模型在随机变量 δ 取不同值[分别取了三个典型的区间：负半区间（$\delta \in [-4,0]$）、正半区间（$\delta \in [0,4]$）、正负都有的区间（$\delta \in [-2,2]$）]时度分布的演化情况，在有初始吸引度的影响下同样会呈现幂律指数形式。因为幂律分布形式是由连续递减的函数来表示的，如果用双对数坐标系来描述幂律定律，那么得到的将是一条直线，由此可以得到我们提出的随机初始吸引度网络演化模型仍然是无标度网络演化模型，计算机模拟的结果和理论分析的结果吻合得很好，验证了模型的正确性，得出了度分布同样是幂律分布。由此可知，网络节点的偏好连接仅仅是网络模型演化的一种。

另外，通过理论分析，当随机变量 $\delta \in [-2,2]$ 时，即 $<\delta>=0$，该模型可还原为 Barabási 和 Albert 提出的 BA 网络演化模型，该模型具有幂指数形式的度分布，即其网络的度分布 $p(k)$ 随 k 的变化表现为幂律形式，由此可以得到 BA 网络演化模型所提出的择优连接并不是普遍使用的方法。BA 网络演化模型只是从时间变化的长短来考虑的，认为网络中的所有节点会随着时间的延长而增加它们的连接数量，而随机初始吸引度网络演化模型是根据其节点自身具有的吸引度大小来改变度数大小的。因此可以得出，随机初始吸引度网络演化模型是 BA 网络演化模型的一种扩展模型，BA 网络演化模型是随机初始吸引度网络演化模型的一种特殊情形。

3.5.4　搜索模型在超链接中的应用

在互联网中，由于网页的无标度性，不同网页的重要程度是不相同的，即每个网页的初始吸引度是不同的，入度高的页面更容易受到关注。但是网页会受到包括链接入度在内的多种信息的影响，而不仅仅是网络节点的度。一个网页的入度通常被用来衡量此网页的重要程度，即从其他网页链接到这个网页的数量越多，则说明这个网页就越重要。网页的链接是有向的，即从新加入的节点指向该节点所链接的节点，此时新边链接节点的概率与该节点的入度、出度之和成比例。

网页本身的重要程度是不一样的，在互联网中新建立的个人网站，如果网页内容新颖且更新速度快，则这样的网页更容易比以往建立的网页（链接度大的网页）获得链接，即有些网站通过创建更好的内容吸引浏览者，可能会在更短的时间内获得大量的链接，从而超过那些创建时间很早的网站。

我们把用户在某个时刻所看到的网页看作一种随机状态，那么用户的浏览行为就可以被看作在离散时间和离散状态上的一个随机过程。因为 PageRank 算法偏重旧网页，事实上，新的网页可能会有更好的信息价值。互联网中的网页是不断增加的，根据网络模型的择优连接性，给每个网页赋一个随机初始值，用 d 表示随机变量，网络模型演化过程中的择优连接就变为随机连接，这样做的原因是每个网页最初的吸引度是不相同的。基于 Google 搜索引擎的 PageRank 概念，并以节点的 PageRank 值为标准来确定择优连接的概率。根据网络模型度分布的演化情况可知，网页的最初吸引值越大，它被链接的可能性就越大，链接它的网页就会越多，说明这个网页越重要。

设一个网页中，有 5 个其他网页和它有链接关系，每个网页均有 PageRank 值。在网页 PageRank 值中，$PR(A)$ 就是从所有指向它的页面分得的重要性分值的总和，可以用下面的公式来计算

$$PR(A)=(1-d)+d[PR(T_1)/C(T_1)+\cdots+PR(T_n)/C(T_n)] \qquad (3.107)$$

其中，$C(T_n)$ 为网页 T_n 的出站链接数量，即出度，表示该外部链接节点所拥有的外部链接数量；$PR(A)$ 表示从一个外部链接节点 T_1 上，依据 PageRank 为系统给定的网站所增加的 PR 值；d 为阻尼系数，且 $0<d<1$，是一个可调参数，是当一个节点链接到另一个节点时所获得的实际 PR 分值，一般取值为 0.85[40]。在网络中加入新节点 PageRank 值为 $(1-d)$。概率 $PR(T)$ 反映了节点阻尼系数的

引入，因为用户不可能无限制地链接，d 可被看作择优链接强度的一个控制参数，当 d 由 0 趋于 1 时，网页连接的强度则不断增大，而 $(1-d)$ 则是指网页本身所具有的网页级别。参数 d 的使用，是为了调节其他网页对当前网页排序的重要程度，其可以被看作择优连接强度的一个控制参数。当 d 和 N 取不同值时，改进的 BA 网络演化模型在超链接中的度分布情况如图 3.18—图 3.23 所示。

如图 3.18 和图 3.19 所示，阻尼系数 d 取 0.85，它是用来控制随机跳跃程度的。在模型中引入 PageRank 的概念，并以此确定网络度分布的连接概率。分别在 $N=5000$ 和 $N=20\,000$ 个网页中，初始网络中有 5 个孤立的网页，每个新网页分别链接至网站内已经存在的 5 个孤立网页。横、纵坐标均为双对数形式。

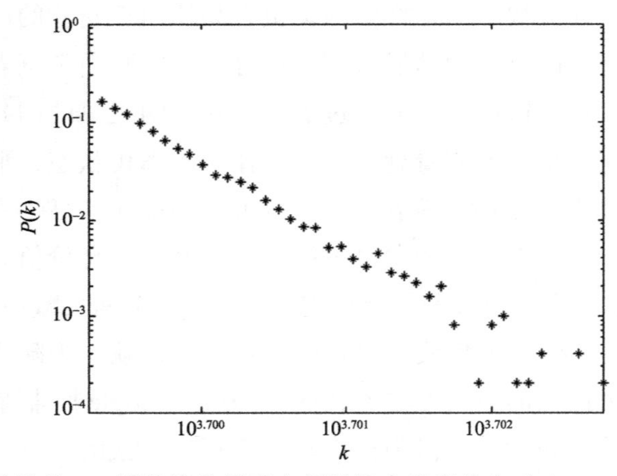

图 3.18　改进的 BA 网络演化模型在超链接中的度分布（d=0.85，N=5000）

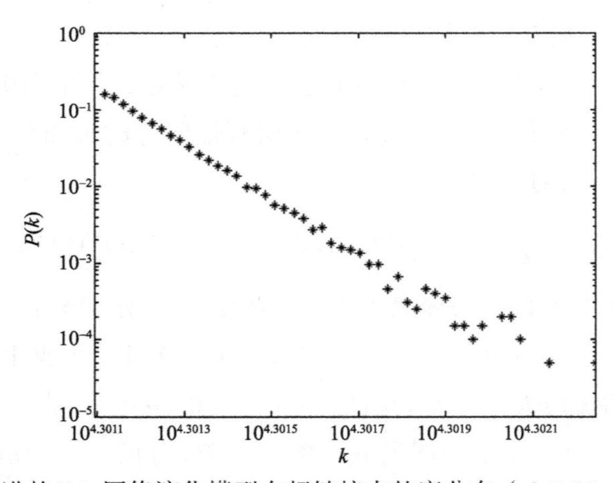

图 3.19　改进的 BA 网络演化模型在超链接中的度分布（d=0.85，N=20 000）

其中，横坐标代表网页被链接的数目，而纵坐标则表示网页被链接的概率，即网络的度分布 $P(k)$ 随 k 的变化情况。

同理，如图 3.20 和图 3.21 所示，阻尼系数 d 取 0.95，分别在 $N=5000$ 和 $N=20\,000$ 大小不同的网页中进行模拟，最初网络个数是 5。此链接是以 d 的概率沿着超链接随机选择下一时刻要访问的页面，以 $1-d$ 的概率随机选择互联网中的任何一个新网页，并将这个新网页链接到已经存在的网页中。

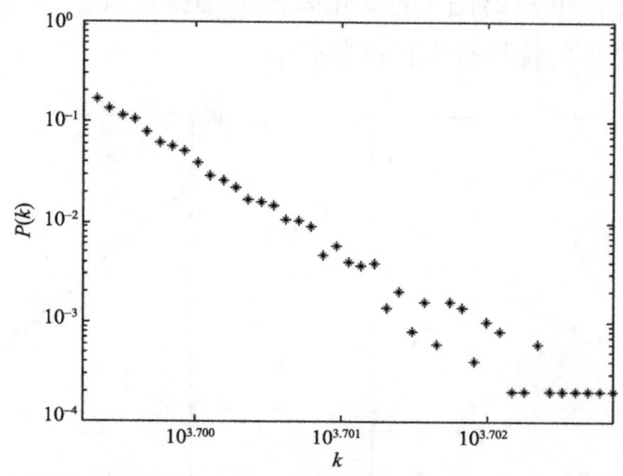

图 3.20　改进的 BA 网络演化模型在超链接中的度分布（d=0.95，N=5000）

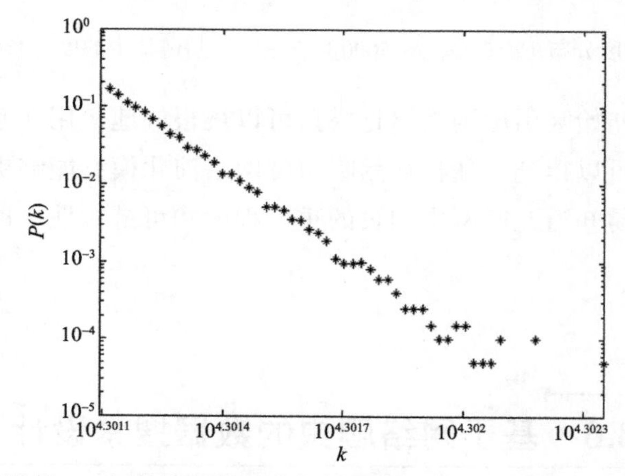

图 3.21　改进的 BA 网络演化模型在超链接中的度分布（d=0.95，N=20 000）

从图 3.18—图 3.21 中可以看出，对 d 分别取 0.85 和 0.95 不同的值时，网络规模 N 的大小也不相同，但它们都有一个共同的特性，即其网络的度分布 $P(k)$ 随 k 的变化表现为幂律形式，在双对数坐标系下是一条下降的直线，即网络的度分布服从幂律分布，对于许多现实世界中的复杂网络，如互联网、社会网络等，各节点拥有的连接数（度）服从幂律分布，这样的网络被称作无标度网络。

图 3.22 和图 3.23 是在图 3.18—图 3.21 的基础上进行的改进，设网络的初始值是随机变量，取 $d = 0.85$，分别在 $N = 5000$ 和 $N = 20\,000$ 不同的网页规模上进行模拟。从图 3.22 和图 3.23 中可以看出，网络的节点度分布仍然服从幂律分布，其网络的度分布 $P(k)$ 随 k 的变化表现为幂律形式，因为互联网是无标度网络，互联网中的网页就具有无标度特性。

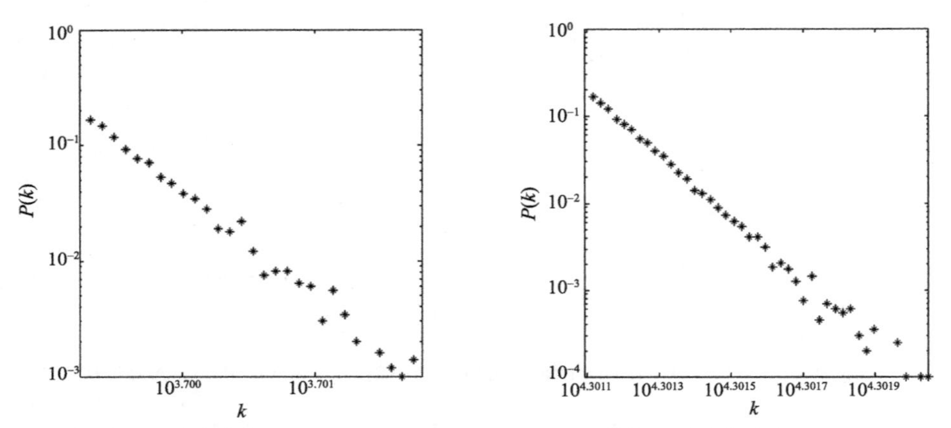

图 3.22 超链接中的度分布（d=0.85，N=5000） 图 3.23 超链接中的度分布（d=0.85，N=20 000）

因此，随机初始吸引度网络演化模型可以被很好地运用在互联网中最终得到了验证。由此可以得到，随机初始吸引度网络演化模型能够更好地模拟互联网，并能够很容易知道互联网中网页的重要程度和可链接性，以此来满足浏览者的需要。

3.6 基于网络爬虫的数据搜索设计

由于热门语言 Python 拥有强大的科学计算能力和编写简单的优点，包含丰富的内置库函数，其快速地被广泛用于信息搜索领域，是研究和学习过程中不可或缺的程序语言。

该部分的研究主要是基于 Python 语言对腾讯视频的数据进行爬取，主要分为如下步骤：网站解析、数据采集、数据存储。本部分以腾讯视频网站为例，重点讨论如何从大量视频数据中抓取最近更新影片的各种数据。

3.6.1　Web 数据挖掘流程

1. 遍历算法

将需要访问的网站看成一张“图”，图中的每个不同“节点”就是网站中不同的子网页。图中的每条边代表网站中不同的链接。对这张图，可以通过宽度优先遍历或者深度优先遍历得到整个网站的数据，通常深度优先遍历的深度可能会过深，因此很多网络爬虫（Spider）并不适用深度优先遍历方式。接下来介绍宽度优先遍历的具体过程。

1）宽度优先遍历。与树结构中的层次遍历一样，对图进行一层一层的访问被称作宽度优先遍历。任意选定一个图中的节点作为初始节点，接着按照分层方式逐个遍历进行访问。本程序中的 beautifulsoup 函数就为宽度优先遍历。

图 3.24 介绍的是宽度优先遍历的具体过程。我们选择 A 为初始节点，从 A 节点出发，宽度优先遍历的结果为：A→B→C→D→E→F→H→G。

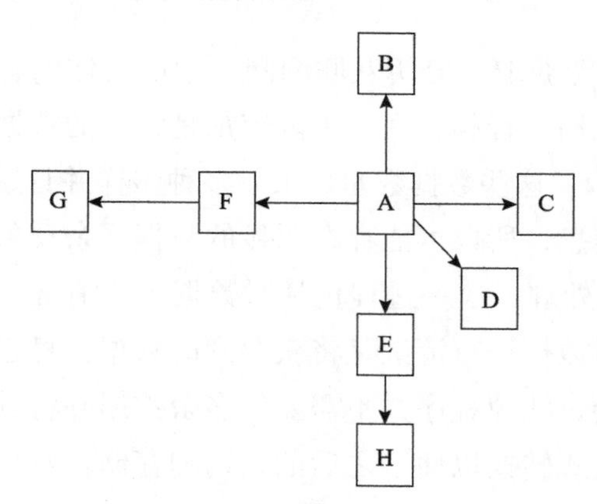

图 3.24　宽度优先遍历

2）宽度优先遍历互联网。与前面描述的算法过程不一样的是，实际项目中会从多个不同的初始链接开始进行爬取。图中每个不同的节点就是不同链接的页面或者是不同类型的多媒体文件。图中连接不同节点的边即为网站页面里的超链接，链接到其他子页面。不含超链接的其他文档或者其他文件则被看作图中的“终端”节点，如节点G和节点H。

宽度优先遍历的大概爬取过程就是从大量的初始节点开始，逐步将每个子页面的链接提取到待访问队列里依次进行抽取访问，访问过的页面则被放入已访问过的表中，与数据库表的操作相似，每次访问子页面前，都要去已访问表中查看之前是否已经访问过，如果子页面已经被访问过则不做任何处理，如果没有访问过的话就继续访问。

2. Web 数据挖掘流程

通常在数据挖掘中，主要的工作流程大概如图3.25所示，包括Web数据资源获取、Web数据预处理、数据转换和集成、模式识别以及模式分析。

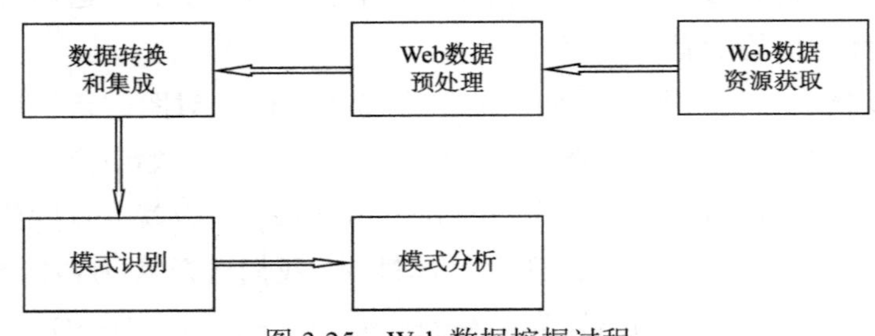

图 3.25　Web 数据挖掘过程

1）Web 数据资源获取：分析互联网网页中的具体内容，提取其中有价值的信息，如图片、文档、音频、视频等内容都是常见的数据来源，此过程被称为Web数据资源获取。这些数据数量庞大、多种多样并且繁杂，这一过程中并不会处理所提取的信息，所以可能存在明显的数据冗余现象。

2）Web 数据预处理：这一过程包括对数据进行清洗，以及对用户、会话和事务进行识别。对数据进行清洗是将获取到的数据信息进行过滤，为了减少冗余数据，此阶段会过滤掉程序并不需要的多余数据并将其删除，同时会将有用的数据信息进行格式转换以便于之后的查询和存储。对用户进行识别是指通过不同使用者的互联网协议（internet protocol，IP）地址、（使用者的信息）以及cookie技术来分离特定用户。对会话进行识别是用一些独立的会话进程来代替原有的全部访问记录，这样提取有效信息就会更加方便。对事务进行识别就是继续对用户对话进行拆分，将其拆分成很多规模更小，同时具有不同语义的小事务。

3）数据转换和集成：数据转换和集成是十分耗费时间的一个过程，此过程需要把经过前面步骤处理过的信息按照一定的格式存储到数据库中，同时创建一个数据仓库。集成是需要将数据的格式加以转换并且存储到数据库中的过程。通过改善数据库的功能和提高其效率，使得对数据的增、删、改、查这些步骤更加简易和便捷，速度也更快，这样整体的数据挖掘性能也会得到提升。

4）模式识别：此阶段是要把经过前一步骤处理并存储到数据库的信息，通过分析其访问路径、将其进行分类或聚类等统计手段，来挖掘埋藏在现有信息里更加实用的、未被发现的一些信息。

5）模式分析：模式分析是指利用一些现有的模式和工具，将上述过程中得到的规则解释给相关数据分析人员，让他们能更清晰地理解其中的知识。现在经常使用结构化查询语言（structured query language，SQL）来进行搜寻和分析，先将数据导入多维数据库中，然后利用其他方法或工具进行解析，并将最后分析出的结果呈现出来，且对最终的分析结果做出较为合理的解释。

3.6.2　主题内容的抽取

当开始对网站进行识别时，最重要的是如何精准地寻找出页面中包含的主题内容，这将直接影响所筛选内容是否能涵盖网站的主题。刘军和张净[42]针对超文本标记语言（hyper text markup language，HTML）文档虽然按类型分块但结构性不足的问题，采用文档对象模型（document object model，DOM）标准完成对文档对象访问的模型构建，同时增添数据含义显示等属性，并按照聚类的规则实现对文档数据的分类，达到提取网站中心思想的目的。根据这个思想，关于页面解析的大量研究发现，在正文以外的模块里，页面 title 标签所包含的信息同样能够普遍反映出网站的中心思想。同样，meta 标签里的子属性值 content 在多数情况下也包含重要信息，所以在提取页面的主要思想时，这部分也理应被考虑在内。网站通常被分类为索引型网站和主题型网站，页面主题的解析是针对主题型网站。主题型网站由于内部经常有广告之类与主题不相关的链接，所以首要任务是过滤掉这些无用信息，同时还需要过滤掉噪声文本信息，如网页版本信息。综上所述，网站主题信息的过滤提取算法步骤如下。

第一步：选择段落标签、列表标签、表格标签、模块标题标签作为分类节点。

第二步：剔除网站链接标签及其值。

第三步：选取网站标题标签中的文本内容，之后删除标题标签及其值。

第四步：选取文档元信息标签中相关元信息 content 的属性值，之后同样删除文档元信息标签。

第五步：针对段落标签，执行和第三步同样的操作。

第六步：针对列表标签，执行和第三步同样的操作。

第七步：针对表格标签，执行和第三步同样的操作。

第八步：针对模块标题标签，执行和第三步同样的操作。

3.6.3 系统的实现

3.6.3.1 开发环境与平台

开发平台：win8 64 位。

硬件环境：可接入互联网的高性能计算机一台，其基本配置为 8 G 内存。

CPU：Intel(R) Core(R) CPU i5-4590 @ 3.30 GHz。

开发语言：Python2.7.14。

开发环境：IDLE。

网络带宽：100.0 Mbps。

库：bs4、json、codecs、sys、requests、openpyxl、re、csv。

本次设置挖掘的最大值为 300 条电影数据，定义初始值为 0，每 30 条数据为一间隔，利用内置 format 函数将要挖掘的网页的网址保存在字符串变量 url 中。

3.6.3.2 数据采集存储实现

网络访问：JavaScript 对象表示法（Java script object notation，JSON）是轻量级数据交换格式的其中一种，便于使用者阅读和编写。使用者通过使用 Python 语言来编码和解码 JSON 对象，JSON 自身的数据格式与 Python 可变容器模型字典的格式相同，内部通常包含使用括号存储的任意类型对象。在 Python 语言里，有特定的用来解决 JSON 相关问题的两个模块，如 picle 模块和 json 模块。其中，json 模块包含 4 个函数：dumps 函数、loads 函数、dump 函数和 load 函数。json.dumps 函数可以将 Python 数据类型根据 JSON 数据规则进行编码；而 json.loads 函数则被用来将 JSON 字符串翻译为 Python 所能识别的数据类型，并作为结果返回。

网页解析：BeautifulSoup 解析网页实际上是将网页的每个标签及其内容存放在一个树结构中，每个标签是一个节点，标签的属性是它的子节点，字符串本身是一个节点，没有子节点。BeautifulSoup 解析网页提供的导航、搜索以及修改树的操作十分简单且常用，同时可以大大缩短编程所消耗的时间。BeautifulSoup 函数的功能是在爬取的指定网络页面中解析所需全部内容，然后根据 Unicode 格式自动转化输出文件的格式并且输出。由于在 Python 中变量不能含有“-”这个字符，所以对网页源码在 find 函数中的 attrs 属性用字典进行传递参数，查找 BeautifulSoup 对象内任何第一个指定标签。find_all 函数能够获取使用者理想中的所有标签，随后对 find_all 函数实行循环操作，由于它将序列作为结果返回，这样就能够轮流获取最想要取得的信息数据，并保存在新建的文件里面。

数据存储：遍历后的信息被存储到新建的文件中之后，对文件里的内容做遍历循环，根据关键字分别截取出电影名字、电影上映年份、电影的播放时长、电影所属的分类、电影评分、豆瓣得分、positive_view_all_count、电影的总播放量、是否为 VIP 电影、是否需要使用券播放、是否为腾讯独播、是否为院线电影、导演名字、影片主演、是否为豆瓣高分、产地、播放链接，并将其保存在本地 excel 表格里面，便于随时查看和阅读。网页解析过程如图 3.26 所示。

```
max = 300
def get_movie_list():
    offset = 0
    base_url = 'http://v.qq.com/x/list/movie?sort=19&offset={}'
    while True:
        try:
            req = build_request(base_url.format(offset))
            figures_list = BeautifulSoup(req.text, 'lxml').find(
                'ul', {'class': 'figures_list'}).find_all('li', {'class': 'list_item'})
```

图 3.26　网页解析过程

3.6.3.3　结果显示

图 3.27 为截至 2019 年 4 月 10 日的数据挖掘（保存在 excel 表格中）的部分结果，后续我们可以对截取的数据进行分析和统计，以便得出有用的结论。

91	时间去哪	2017	01:51:34	剧情	7.5	6.0	865.1万	1184.6万	否	否	否	贾樟柯/	梅芙·金	否	内地	https://v.qq.com/x/cover/5tkowywpptbct89.html
92	来日方长	2018	01:27:43	喜剧 剧情	7.3		97.4万	97.4万	否	是	否	刘德强	孙聪/崔	否	内地	https://v.qq.com/x/cover/jg3s6vf1vebys1h.html
93	印度合伙人	2018	02:13:36	传记 喜剧	8.6	7.7	3379.5万	6779.8万	否	是	否	R·巴尔	阿克谢·	否	印度	https://v.qq.com/x/cover/7lum0qeoazv8qys.html
94	大爱无言	2017	01:35:05	剧情 公益	7.2		693.6万	706.8万	否	否	否	张一鸣	孙宝光/	否	内地	https://v.qq.com/x/cover/jpgwih313us6wd8.html
95	美容针	2017	01:39:57	爱情 剧情	7.0	4.5	2451.3万	2839.9万	否	否	否	黄美卿	同妮/杜	否	内地	https://v.qq.com/x/cover/scoxh4066e5xt1a.html
96	恋爱之痛	2017	01:31:56	喜剧 爱情	7.0	4.5	1492.4万	1653.7万	否	否	否	蔡洁铃	岑日珈/	否	中国香港	https://v.qq.com/x/cover/smbz4cuj1igcwgb.html
97	热血时代	2017	01:37:51	剧情	7.3		264.6万	264.6万	否	否	否	回宇	黄诗佳/	否	内地	https://v.qq.com/x/cover/bnj1dedjvn78lmy.html
98	密战	2017	01:42:08	战争 动作	7.1	4.3	1.9亿	2.4亿	否	否	否	钟少雄	郭富城/	否	内地	https://v.qq.com/x/cover/zww0q1hojoy462g.html
99	疯狂的契约	2019	01:25:31	喜剧 剧情	7.4		90.5万	150.4万	否	是	否	王海	雷牧/贾	否	内地	https://v.qq.com/x/cover/czezqm2yqmmaifl.html
100	爱情邮局	2017	01:33:19	爱情 剧情	7.4		349.7万	430.6万	否	否	否	郑真	李至正/	否	内地	https://v.qq.com/x/cover/44vzj0odlqsalvv.html
101	空天猎	2017	01:55:04	动作 战争	7.4	5.0	2.1亿	2.8亿	否	否	否	李晨	李晨/范	否	内地	https://v.qq.com/x/cover/0s79svkh53jmrga.html
102	一家两口	2017	01:40:51	喜剧 剧情	6.9	4.4	986.7万	1026.4万	否	否	否	张亚男	马仑/李	否	内地	https://v.qq.com/x/cover/sj36ajpmjuif30q.html
103	一路向爱	2017	01:28:36	爱情 剧情	7.3		103.3万	108.4万	否	否	否	徐艺华	高姝瑶/	否	内地	https://v.qq.com/x/cover/4ala64b9ucqo9m0.html
104	这一刻，我	2017	01:24:31	喜剧 音乐	7.3		162.9万	173.8万	否	否	否	殷敏峰	陈昊青/	否	内地	https://v.qq.com/x/cover/2arpc1bpwe12soe.html
105	同名男子	2018	01:30:32	悬疑 剧情	8.0	6.7	48.2万	48.2万	否	是	否	何力	唐以诺/	否	内地	https://v.qq.com/x/cover/qj4wip9hcu9bip0.html
106	无名之辈	2018	01:47:41	喜剧 剧情	9.0	8.1	1.3亿	2.0亿	否	是	否	饶晓志	陈建斌/	是	内地	https://v.qq.com/x/cover/tpa0c309erq2p7t.html
107	魔都爱之	2017	01:38:55	爱情 剧情	7.3		140.7万	149.2万	否	否	否	唐昱	段浩晨/	否	内地	https://v.qq.com/x/cover/bq58m92sqs6nb6h.html
108	拳职妈妈	2018	01:25:57	运动 剧情	7.3		104.0万	104.0万	否	是	否	吴琼	阳蕾/郑	否	内地	https://v.qq.com/x/cover/b2z1ex1029ds247.html
109	冲绳之恋	2018	02:01:02	剧情 爱情	7.9	6.6	26.8万	26.8万	否	是	否		Jason C	否	新加坡	https://v.qq.com/x/cover/2q16nng0ha2ubvd.html
110	镜头前的女	2017	01:32:08	爱情 剧情	7.3		122.3万	129.2万	否	否	否	朱卫	程慕轩/	否	内地	https://v.qq.com/x/cover/jmjjyftb50wnwoa.html
111	温莎之谜	2018	01:32:45	家庭 剧情	7.2		5.6万	5.6万	否	是	否	Porter	巴里·柯	否	美国	https://v.qq.com/x/cover/128de3y4fnnaubf.html
112	不败雄心	2017	01:32:31	运动 剧情	7.4		684.2万	698.8万	否	否	否	李冯	付幸博/	否	内地	https://v.qq.com/x/cover/67t9bxbetsdztpp.html
113	我的青春	2017	01:25:21	爱情 剧情	6.0	2.4	1448.5万	1498.1万	否	否	否	连子	李一君/	否	内地	https://v.qq.com/x/cover/52il64yt6xcel6i.html
114	建军大业	2017	02:12:40	历史 剧情	7.6		1.1亿	2.0亿	否	否	否	刘伟强	刘烨/朱	否	内地	https://v.qq.com/x/cover/4xf4ni3vwii9kl1.html
115	破天荒	2018	01:31:05	冒险 剧情	7.4		210.8万	210.8万	否	是	否	罗金耀	晋松/草	否	内地	https://v.qq.com/x/cover/hol2hwwtnlv6om8.html
116	猫咪后院之	2017	01:32:22	家庭 剧情	7.8	6.5	136.9万	142.6万	否	否	否	藏方政俊	伊藤淳史	否	日本	https://v.qq.com/x/cover/pqs3venalah0vmd.html
117	明月几时有	2017	02:10:29	历史 战争	8.3	6.9	9702.6万	1.6亿	否	否	否	许鞍华	周迅/彭	否	内地	https://v.qq.com/x/cover/3cuzswqra76mzdw.html
118	麻辣学院	2017	01:33:04	喜剧 剧情	6.0	2.5	1222.2万	1310.0万	否	否	否	李金瀚	蒋欣/九	否	内地	https://v.qq.com/x/cover/snsozh5b6t9376e.html
119	我是谁的宝	2017	01:40:00	家庭 犯罪	7.3	5.3	232.9万	312.5万	否	否	否	李南	郑国霖/	否	内地	https://v.qq.com/x/cover/vxsk6em00i2bsvo.html

图 3.27　部分数据截取

3.7　本 章 小 结

本章介绍了基本的网络模型，包括规则网络模型、随机网络模型、小世界网络模型、BA 网络演化模型、DMS 模型以及局域世界网络演化模型，并对相关模型的基本特征进行了分析。本章还介绍了藏文网页链接结构，建立了基于 PageRank 的藏文网络搜索过程，包括 PageRank 算法的原理及模型，以及马尔可夫链模型、声望模型和 PageRank 随机冲浪模型，并对 PageRank 算法和 HITS 算法进行了比较。这些内容为后面章节关于加速 PageRank 收敛速度的研究提供了理论基础。在现有对 PageRank 计算的研究基础上，本章进一步推导了 General Extrapolation 公式，并且设计了满足超链接性质的高维随机矩阵算法，随后提出了加速 PageRank 收敛速度的两种有效的算法：General Extrapolation 和 Acceleration Extrapolation。

此外，本章介绍了生成高维随机矩阵的方法，并对加速 PageRank 收敛的算法在 Epa.dat、California.dat、Stanford-web.dat 和 Stanford-berkeley-web.dat 这 4 个数据集上进行了数值实验，实验结果证实了加速 PageRank 计算的理论分析和算法的有效性。从实验结果中我们可以看出，PageRank 向量计算速度得到明显提高。

本章讨论并分析了 BA 网络演化模型的演化过程，然后根据连续域理论分析方法来求得其网络节点度分布的演化规律，对 BA 网络演化模型和 DMS 模型的择优连接概率进行了改进，提出了随机初始吸引度网络演化模型，进一步推导出随机初始吸引度网络演化模型的度分布演化规律，通过数值模拟仿真检验了理论分析方法的正确性，其网络度分布的幂律指数的理论结果与数值模拟结果相吻合。运用连续域理论分析方法和实验数值模拟仿真结合的方法，验证了随机初始吸引度网络演化模型的正确性，并把随机初始吸引度网络演化模型运用到互联网的网页超链接中。实验结果表明，随机初始吸引度网络演化模型能够更好地描述现实中的网络，也可以把随机初始吸引度网络演化模型看作比BA网络演化模型和DMS模型更一般的网络演化模型，此模型具有较好的理论意义和应用价值。

本章构建了基于爬虫的数据搜索设计，介绍了Web数据挖掘流程、主题内容的提取方法，并设计了藏文网络搜索系统。

参考文献

[1] Huberman B A, Adamic L A. Growth dynamics of the world wide web. Nature, 1999, 401:130-131.

[2] 车宏安，顾基发. 无标度网络及其系统科学意义. 系统工程理论与实践, 2004, 44(4): 11-16.

[3] 韦洛霞. 复杂网络模型和方法. 东莞理工学院学报, 2004, 11(4): 17-20.

[4] Erdos P, Rényi A. On random graphs. Publication Mathematics, 1959, (6): 290.

[5] Watts D J, Strogatz S H. Collective dynamics of 'small-world' networks. Nature, 1998, 393(6684): 440-442.

[6] Barabási A L, Albert R. Emergence of scaling in random networks. Science, 1999, 286(5439): 509-512.

[7] 李增扬，韩秀萍，陆君安等. 内部演化的BA无标度网络模型. 复杂系统与复杂性科学, 2005, 2: 1-6.

[8] 章忠志，荣莉莉. BA网络的一个等价演化模型. 系统工程, 2005, 23(2): 1-5.

[9] 吕金虎. 复杂动力网络的数学模型与同步准则. 系统工程理论与实践, 2004, 24(4): 17-22.

[10] Barabási A L, Ravasz E, Vicsek T. Deterministic scale-free networks. Physica A: Statistical Mechanics and Its Applications, 2001, 299: 559-564.

[11] Dorogovtsev S N, Mendes J F F, Samukhin A N. Structure of growing networks with preferential linking. Physical Review Letters, 2000, 85: 4633-4636.

[12] Li X, Chen G R. A local-world evolving network model. Physica A: Statistical Mechanics and Its Applications, 2003, 328: 274-286.

[13] 徐涛. 基于社会网络分析的藏文web链接结构研究. 西北民族大学硕士学位论文, 2011: 14-16.

[14] Lempel R, Moran S. SALSA: The stochastic approach for link structure analysis. ACM

Transactions on Information Systems, 2001, 19(2): 131-160.

[15] Jullen G, Stefan M R. Link-based approaches for text retrieval. Proceedings of Text Retrieval Conference, Maryland, 2006: 13-16.

[16] Avrachenkov K E, Litvak N, Pham K S. Distribution of PageRank mass among principle components of the web. Proceedings of the 5th International Conference on Algorithms and Models for the Web-graph, Lecture Notes in Computer Science, Springer, 2007, 4863: 16-28.

[17] 闫永权, 张大方. 基于频繁的 Markov 链预测模型. 计算机应用研究, 2007, 24(3): 41-43, 46.

[18] Zukerman I, Albrech D, Nicholson A. Predicting user's requests on the WWW. Proceedings of the 7th International Conference on User Modeling, New York, 1999: 275-284.

[19] 郭天印. Markov 预测与决策的 Excel 实现. 陕西工学院学报（自然科学版）, 2003, 1: 74-76, 81.

[20] 汪云林, 韩伟一. 社会网络声望模型的分析与改进. 系统工程, 2006, (11): 54-58.

[21] Ma N, Guan J C, Zhao Y. Bringing PageRank to the citation analysis. Information Processing and Management, 2008, 44: 800-810.

[22] Gaubert S, Gunawardena J. The Perron-Frobenius theorem for homogeneous, monotone functions. Transactions of the American Mathematical Society, 2004, 356(12): 4931-4950.

[23] Brin S, Page L. The anatomy of a large-scale hypertextual web search engine. Computer Networks and ISDN Systems, 1998, 30: 107-117.

[24] Langville A N, Meyer C D. A reordering for the PageRank problem. SIAM Journal on Scientific Computing, 2006, 27: 2112-2120.

[25] Arasu A, Novak J, Tomkins A, et al. PageRank computation and the structure of the web: Experiments and algorithms. IBM Almaden Research Center Technical Report, 2001.

[26] DelCorso G M, Gulli A, Romani F. Fast PageRank computation via a sparse linear system. Lecture Notesin Computer Science, 2004, 3243(2): 118-130.

[27] Sidi A. Vector extrapolation methods with applications to solution of large systems of equations and to PageRank computations. Computers and Mathematics with Applications, 2008, 56(1): 1-24.

[28] Langville A N, Meyer C D. Deeper inside PageRank. Internet Mathematics, 2004, (1): 335-380.

[29] Serra-Capizzano S. Jordan canonical form of the Google matrix: A potential contribution to the PageRank computation. SIAM Journal on Matrix Analysis & Applications, 2005, 27: 305-312.

[30] Cicone A, Serra-Capizzano S. Google PageRanking problem: The model and the analysis. Journal of Computational & Applied Mathematics, 2010, 234(11): 3140-3169.

[31] Wu G. Eigenvalues and Jordan canonical form of a successively rank—One updated complex matrix with applications to Googles PageRank problem. Journal of Computational and Applied Mathematics, 2008, 216 (2): 364-370.

[32] 刘松彬, 都云程, 施水才. 基于分解转移矩阵的 PageRank 迭代计算方法. 中文信息学报, 2007, 21(5): 41-45.

[33] 刘惠义, 董志勇. 基于Power Extrapolation和Adaptive Method的网页评估新算法. 计算机工程与应用, 2006, (15): 66-68, 74.

[34] Jeh G, Widom J. Scaling personalized web search. Proceedings of the 12th International World Wide Web Conference, Budapest, 2003: 271-279.

[35] Kamvar S D, Haveliwala T H, Manning C D, et al. Extrapolation methods for accelerating PageRank computations. Proceedings of the 12th International World Wide Web Conference, Budapest, 2003: 260-270.

[36] Li X, Chen G R. A local-world evolving network model. Physica A: Statistical Mechanics and its Applications. 2003, 328: 274-286.

[37] Sun T L, Deng J W, Deng K Y. Scale-free network model with evolving local-world. Proceedings of the 4th International Conference on Natural Computation, Hanoi, 2008, 309: 237-240.

[38] Kleinberg A, Grenfell B T. Mean-field-type equations for spread of epidemics: The "small-world" model. Physica A: Statistical Mechanics and its Applications, 1999, 274: 355-360.

[39] Barabási A L, Albert R, Jeong H. Scale-free characteristics of random networks: The topology of the world-wide web. Physica A: Statistical Mechanics and its Applications, 2000, 281: 69-77.

[40] 李晓明, 闫宏飞, 王继民. 搜索引擎——原理、技术与系统. 北京: 科学出版社, 2005.

[41] Sun T L, Deng J W, Deng K Y, et al. The complex networks with random initializing and preferential linking. International Journal of Modern Physics B, 2010, 24: 4753-4759.

[42] 刘军, 张净. 基于 DOM 的网页主题信息的抽取. 计算机应用与软件, 2010, 27(5): 188-190.

第 4 章

基于分布式爬虫框架 Scrapy 的搜索引擎设计与实现

4.1 搜索技术介绍

现如今，互联网真正实现了普及，尤其是移动端更是与生活各个方面密切相关，小到日常购物，大到工作办公。不仅如此，传统行业也正受互联网的改变，如传媒行业由广播电视转向了移动端，教育行业也由线下转向了线上，销售行业也由门市销售转向了电子销售，等等。所有的改变均是由互联网织起的一张巨大的数据网来提供支持的，问题就转变为如何从庞大的数据海洋中获取需要的数据，这是个体在当今这个时代的必备技能，由此也就孕育出搜索引擎互联网技术。搜索引擎作为核心技术，计算机专业人员希望能有目标更明确的搜索引擎，希望只获取与其所需搜索内容相关的网络信息。如何从大量数据信息中获取有价值的定向信息变得更为重要，于是，数据爬虫应景而生。数据爬虫是一种可以对特定网站实施定向信息爬取的自动化系统或脚本。它的优点不仅在于可以自动化获取指定内容，还具有很强的重用性。在数据爬虫过程中，我们可以获取指定的内容并进行二次运用。很多成功的搜索引擎公司，如百度和 Google 都采用了不同的数据爬虫策略[1]。数据爬虫也被运用到了其他各个领域，通过数据爬虫获取大量数据，使更多的实体有机会出现在人们的视野中，这对互联网的发展起到至关重要的作用。数据量级和信息类别的不断发展，对该领域的发展也起着重要的作用。

4.1.1　搜索技术概述及发展历史

数据爬虫通常是组成搜索引擎的重要部分，是获取搜索引擎中大量数据的核心技术[1]。数据爬虫主要是通过编写网页内容提取规则，对指定网页进行准确提取，存入数据库，并可以进行二次使用。世界上首个数据爬虫程序出于美国麻省理工学院[2]，虽然其设计目的不是搭建搜索引擎，但是它为搜索引擎的进一步发展和广泛使用提供了基础。随着数据爬虫的发展，爬虫技术可分为全网、聚焦、增量、深网（Deep Web）这四类[3]。但是为了更好地完善爬虫系统，一般是将其中几类或者全部技术结合起来使用。

搜索引擎与数据爬虫技术相互促进，如今索引系统大多源于 Wanderes 的设计。数据爬虫包括网络数据爬取和入库两部分，搜索引擎通过对已入库的大量数据建立建议字段，自动为建议字段设置评分，按评分降序推荐给用户。1994 年 7 月，Mauldin 将 Leavitt 的数据爬虫思想引入搜索引擎中，形成了当时很受欢迎的搜索引擎 Lycos，两者相辅相成，相互促进。搜索引擎功能的不断扩大，使得其后的很多数据爬虫技术也越来越复杂，逐渐向多线程、优化算法及更大规模数据爬取等方向发展。从综合型搜索引擎到主题型搜索引擎，展现了搜索引擎的发展趋势，综合型搜索引擎的优势是内容复杂，数据巨大，种类丰富，其劣势是搜索目的性不明确，需要用户二次筛选所需信息；而主题型搜索引擎的优势和劣势与综合型搜索引擎正好相反。两者各有其特色和优缺点。综合考虑设备环境和工程量，主题型搜索引擎更具有实际意义。

4.1.2　技术研究现状和面临的问题

数据爬虫技术的发展从无到有，从刚开始的零基础搭建完整框架，到现在只需要使用开源框架就可以快速搭建数据爬虫系统。数据爬虫技术发展到今天，有很多开源框架及开源库可供我们使用，如 Scrapy 框架，本书所开发的爬虫系统也是使用 Scrapy 框架搭建的。Scrapy 框架只需要通过主体语言定制内容提取规则，同时解决爬虫目标网站的反爬虫问题即可，理论基础是迭代网络请求和响应。由于各个网站发展迅速，信息更新快速，资源量级不断增大，当前的数据爬虫技术的优劣也不再以爬取数据的多少为标准，而是以准确度和反爬虫技术为指标。

随着版权概念的不断深化，各网站都以各种各样的形式对数据进行保护，因此就出现了限制爬虫的技术，如设置访问频繁 IP 限制、设置验证码、设置用户登录、设置 User-Agent 限制等。设置用户登录是用户访问网站时的第一层保护，要访问网站，必须进行实名制用户登录，否则就会出现请求超时错误。设置验证码的形式有多种，包括数字字母类型、汉字类型、滑块类型等，一般在用户登录时输入验证码，正确后才可登录，否则不给予访问权限，是网站数据的第二层保护。IP 限制是网站通过后台代码检测该用户是否具有爬虫程序的特征，若具有则进行标记，限制该用户所对应 IP 的网络访问，是网站数据的第三层保护。数据爬虫更多不是以商业营利为目的，而是通过数据分析并将结果运用于社会发展，如果有大批具有很大价值的数据不被获取，其商业价值也会大打折扣。

在进行数据爬虫时，另一个重要的问题是 URL 去重问题。在进行网络爬虫时，一个网站上可能存在多个相同的 URL 路径，进行存储时，重复的 URL 会带来数据冗余和效率低下的问题，因此 URL 去重问题显得更加重要。URL 去重一般是通过编写的过滤器筛选掉已经存在的 URL 路径，也可以通过信息-摘要算法（message-digest algorithm 5，MD5）等方法将 URL 路径进行压缩并存入 Set 集合中，这样可以减少存储容量。

4.1.3 研究意义

数据信息量越来越多，种类也越来越多，要想充分利用它们，首先要获取大量数据，而数据爬虫所完成的任务就是获取网络中的指定数据并保存下来，所以对数据爬虫进行实际操作和研究是非常有必要的。通过对数据爬虫的研究和学习，可以对 Python 的三方开源库和 Scrapy 爬虫框架进行深入学习。网络数据爬虫可以精准地批量获取这些数据并存入库，具有效率高、数据量大、数据维度多的优点，大大节省了人力和时间，提高了效率。

搜索引擎系统是一个展示数据的平台，能够更好地展示数据的价值。主题型搜索引擎能够直接与用户进行交互，不需要用户再进行二次内容选择，直接为用户提供更加方便的指定性查询服务，也是当今的主流搜索引擎。

主题型搜索引擎通过向用户提供精准的需求信息来实现数据的价值。随着互联网中的数据越来越丰富，通过网络数据爬虫有效地组织数据并对数据进行必要的分析，是现阶段大数据时代的要求，也是实现大量数据价值的要求。

4.1.4　研究内容

本章研究的主要内容是进行数据爬虫并建立搜索引擎系统，能够根据输入来进行搜索和标记，主要包括以下两方面：网络数据爬虫和搜索引擎搭建。网络数据爬虫的主体框架采用 Scrapy 开源爬虫框架，以此来爬取网络数据并存入 MySQL 数据库；搜索引擎网站的主体框架采用 django 框架完成前台和后台的数据交互，使用弹性搜索（Elasticsearch，ES）[3]服务器作为搜索引擎核心库。两者相互依赖，相互作用，数据爬虫系统为搜索引擎提供数据支持，搜索引擎为数据爬虫系统提供展示平台。

网络数据爬虫是建立搜索引擎系统的基础，没有爬取的大量数据，搜索引擎也就没有意义。数据主要来源于伯乐在线、知乎、拉勾网等网站，索引范围涵盖信息技术（information technology，IT）文章类、问答类、职位招聘类等。目标系统使用的主体语言是 Pyhton，涉及 20 多种 Python 类库。爬取时会受到不同反爬虫的限制，通过使用 IP 代理池、多类用户代理（User-Agent）、识别验证码等技术突破相应访问限制。数据爬虫使用 Scrapy 框架，编写相应的 Spider 文件并制定爬取规则，爬取数据并入库。

搜索引擎系统的建立基于 Elasticsearch 服务器，搭建基于 Elasticsearch、head、kibana 三者的索引系统，将获取的数据拆分成关键字并进行打分，形成索引顺序，通过软件工程的需求分析，得到搜索引擎系统的主要功能模块。图 4.1 介绍了搜索引擎系统结构图，包括文章信息搜索、问答信息搜索、职位信息搜索、热门推荐列表、搜索信息分页以及关键字索引。

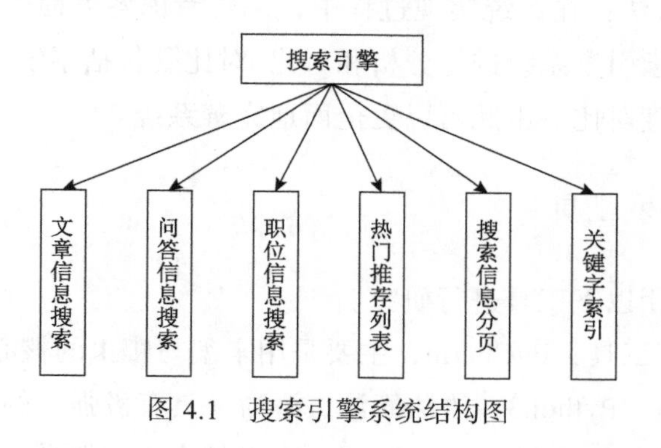

图 4.1　搜索引擎系统结构图

1）文章信息搜索：用户可以搜索 IT 相关专业技术文章，要求内容充实、简洁明了。

2）问答信息搜索：用户可以提问问题，检索问题关键字，显示检索结果并按一定顺序展出。

3）职位信息搜索：用户可以检索所需职位信息。

4）热门推荐列表：通过记录用户检索相同信息的频数，为用户设置推荐列表。

5）搜索信息分页：将用户检索出的结果分不同页展示，每页条目按服务器评分降序展示。

6）关键字索引：用户通过键入关键字或关键词进行查询，查询出所有相关信息。

4.1.5 研究手段及开发工具

4.1.5.1 研究手段

我们主要采用以下方法进行研究。

1）文献研究：对国内外有关数据爬虫和搜索引擎相结合的相关文献进行阅读和记录，通过学习和改进已经成熟的技术，有利于健全本章所介绍的系统。

2）文档分析法：研读相关研究所使用的框架的开发文档，通过研读文档实际编程 demo 进行实验，熟悉框架开发的优缺点，最大限度地避免缺点，发挥框架优势。

3）对比分析法：在系统实现过程中，综合考虑各方面因素，对国内外基于数据爬虫的搜索引擎系统进行分析和对比。对比既包括系统性能和功能对比，也包括效率和速度对比，由此可以更全面地完善系统。

4.1.5.2 开发工具

我们主要采用以下工具进行研究。

1）系统编程工具：PyCharm，主要是用来编写爬虫的核心代码。

2）开发环境：Python3，语法简洁、清晰，具有极强大的库。

3）网站调试工具：Chrom 浏览器，当前的主流浏览器，具有强大的调试功能。

4）数据存储工具：MySQL 数据库。

5）搜索服务器：Elasticsearch，方便可视化操作，对建议字段操作灵活，检索速度快。

4.2　数据爬虫技术和搜索原理

数据爬虫技术发展至今，相继出现了多种爬虫技术，但其基本原理都如出一辙，一种好的爬虫技术具有效率高、准确度高、运行速度快等特点。爬虫技术的发展，也给我们的日常生活带来了很大的便利。本部分先从整体上阐述数据爬虫技术和搜索引擎系统的工作原理和关键问题，为后续系统设计提供坚实基础，主要包括三部分：第一部分主要介绍主流数据爬虫技术和搜索引擎系统的工作原理;第二部分主要介绍主流数据爬虫技术和搜索引擎系统的工作流程;第三部分主要介绍爬虫和反爬虫技术。

4.2.1　工作原理

要想实现优良的系统，必须要通晓所使用技术的原理。本书研究中所使用的技术包括数据爬虫技术和搜索引擎搭建技术，数据爬虫是搭建搜索引擎的基础，搜索引擎是数据爬虫的平台，两者相辅相成。本部分将主要介绍这两种技术的工作原理和工作流程。

4.2.1.1　数据爬虫工作原理

数据爬虫系统是一种能够在无人操作的情况下自动提取网络信息的程序。数据爬虫通过指定起始 URL，对该 URL 的网站进行访问，人为分析该网站的内容结构，通过正则表达式或者已有第三方工具包来提取所需内容，不断迭代爬取的其他网站链接，并将其作为下一次爬取的目标，不需要人工干预就可以自动实现指定内容爬取。数据爬虫使用的概念主要有正则表达式、请求（request）和响应（response）、URL 去重，以下将对这些概念进行详细解释。

正则表达式是一种通过使用特定符号制定字符串规则的公式。对于数据爬虫，正则表达式主要用来提取信息。将正则表达式运用于所爬取到的信息，得到最终的标准信息。正则表达式有逻辑性、能动性、精确性极强的特点，配合使用 xpath 选择器或者 css 选择器，能够快速、准确地提取有效信息。

请求和响应是网络中网站内或网站之间消息传送的两个核心步骤。请求是用户发起的，将用户需求以请求参数的形式传送到服务器进行处理，请求对象包括请求头、请求行、请求体三部分，每一部分都表示用户请求信息。响应是服务器发起的，用来返回用户请求处理结果的过程，主要包括状态行、响应头、消息体三部分。在数据爬虫中，请求是指定 URL 路径后人工设置请求参数模拟用户请求指定网站的过程，然后由服务器响应返回所需的具体内容。

URL 去重问题是指在爬取的众多数据中，可能存在重复的 URL 路径，需对重复 URL 路径进行去重。没有 URL 去重，则会出现不断迭代重复的网站。URL 去重有入库和存入哈希集合两大类方法。采用入库方法，虽然操作简单，但是每次的查询效率低，耗时长，因此使用较少。采用存入哈希集合，操作简单，查询效率高，但是占用内存大，策略改良后是通过 MD5 等方法将 URL 链接进行哈希后保存到集合中。

4.2.1.2 搜索引擎工作原理

输入关键字进行搜索，搜索引擎并不是进行全网匹配，而是在所建立的索引数据库中进行检索。数据爬虫系统将爬取的数据写入 Elasticsearch 服务器中，由 Elasticsearch 自动完成关键字的分词。当我们输入关键字时，并不是对我们的完整输入进行检索，而是将输入进行拆分并形成单词，之后在索引数据集进行检索。搜索引擎系统的工作原理可以分为以下三步：爬取网络数据、建立索引数据库、对索引进行评分并排序。

每一个搜索引擎都会对应一个爬取网络数据抓取程序。这是一个迭代的过程，从一个网站上还可以获取更多其他的网站 URL，数据抓取程序的迭代策略常分为广度优先搜索和深度优先搜索。分析网页的 HTML 结构并制定出标准内容提取规则，通过选择器对服务器响应内容的应用提取规则进行筛选，以筛选出所需信息。

索引数据库是搜索引擎的核心组件，每一次查询都要检索数据库。根据搜索网站需求设计相应字段，制定对应提取规则，直接将提取信息存入 ES 检索库。索引数据库具有顺序化的特点，索引排序常用倒排索引，是由属性值来决定记录的位置，效率高。索引数据库中的每条数据将根据重要程度对单词进行评分，搜索引擎系统将会根据评分顺序展示。

4.2.2　工作流程

4.2.2.1　数据爬虫工作流程

数据爬虫与正常浏览网站的工作原理类似，数据爬虫的工作本质上也就是对请求和响应的处理。当用户访问网站时，用户请求所需信息，信息以请求对象形式被发送到网站后台服务器，服务器经过解析处理，将以规定的格式返回响应给浏览器展示，浏览器通过解析响应信息，将信息显示到页面上。

通用数据爬虫框架通过指定起始 URL 种子进行网站首页的爬取，将网站首页中的 URL 提取出来并存入 URL 队列中，然后 DNS 服务器对 URL 路径进行解析，将目标网站 URL 交由下载器进行下载。数据爬虫框架工作步骤如图 4.2 所示。

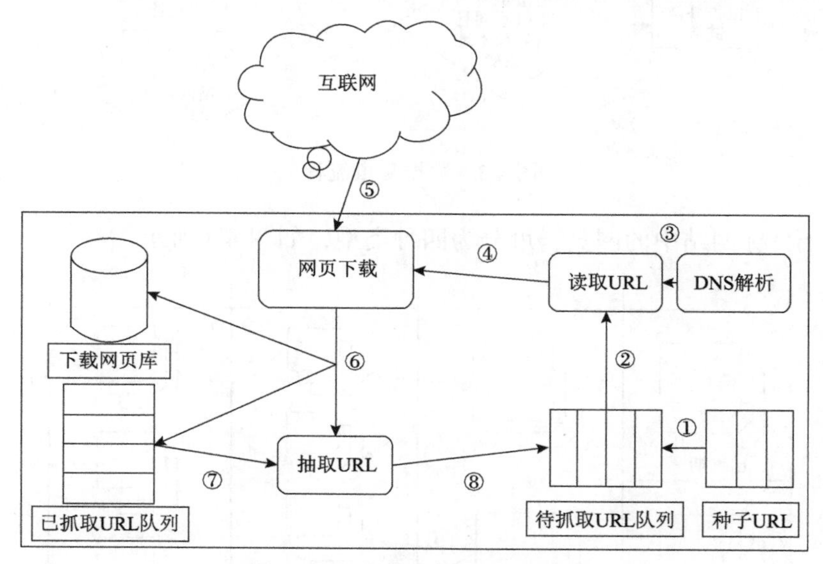

图 4.2　数据爬虫框架工作步骤

数据爬虫工作流程如图 4.3 所示。数据爬虫的流程是首先访问指定 URL 路径[3]，下载器是在对 URL 队列中的 URL 路径进行解析后下载。对于网站中的不同网页，分析其 HTML 结构，确定网页爬取字段，爬取实体入库。下载器进行下载时，工作流程分为三个步骤：第一，下载器下载起始 URL 路径网页，解析该网页中存在的其他 URL 路径，通过对比将未被抓取的 URL 存入队列等待调度，从而解决去重问题；第二，将起始 URL 路径放入已抓取 URL 队列中，不再进行调度，防止相同页面的爬取；第三，数据爬取形成循环，直至 URL 队列为空，表明对目标网站的所有页面爬取完毕，停止爬取。

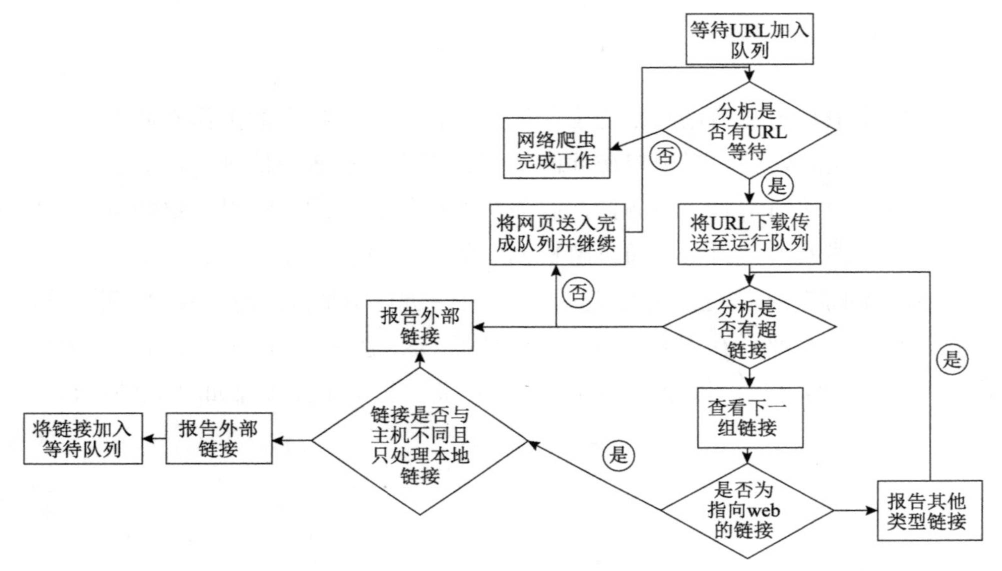

图 4.3　数据爬虫流程

对于目标网站中的网页，可分为四种类型，如图 4.4 所示。

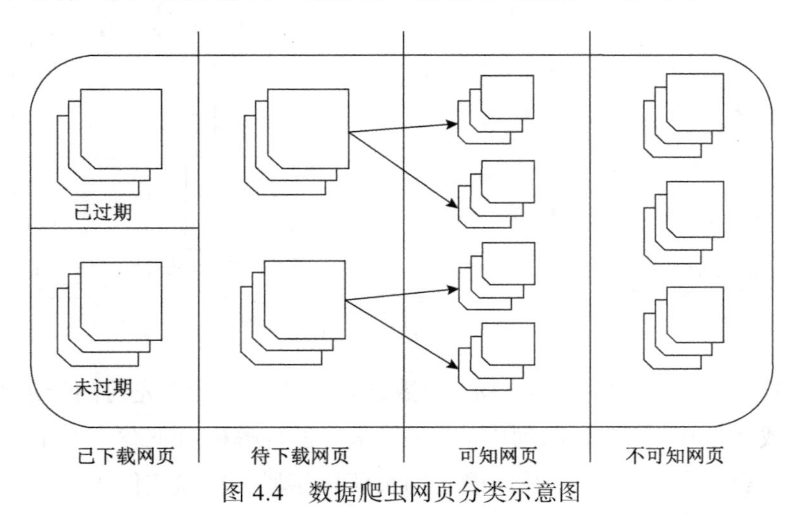

图 4.4　数据爬虫网页分类示意图

1）已下载网页集合。该集合主要存放已经下载的网页 URL 路径。已下载网页集合包含已过期网页和未过期网页两类，已过期网页是指已经下载的网页内容有更新，未过期网页是指已经下载的网页仍没有发生结构性变化。

2）待下载网页集合。对每个网页进行数据爬虫时，将网页的 URL 路径放入待爬取 URL 队列中，这些 URL 路径所对应的网页集合被称为待下载网页集合，可由下载器取出以进行进一步解析。

3）可知网页集合。它是指通过直接或间接方式，最终能够爬取到的网页。

4）不可知网页集合。进行数据爬虫时，目标网站中的很多网页是隐蔽的，不希望外界知道，对于正规爬虫手段来说，其不能爬取到该类网页的 URL 路径，更无法下载这类网页，所以这类网页集合被称为不可知网页集合。

4.2.2.2　搜索引擎工作流程

现代搜索引擎工作流程一般分为三部分，首先是通过数据爬虫爬取网页，搜集网络信息，然后通过正则表达式指定规则，提取所需内容，最后建立数据库，当用户输入查询内容时，检索索引库，将搜索结果进行相关度评价并降序显示。

搭建一个搜索引擎首先需要进行网络数据爬虫。根据指定 URL 路径，采用广度优先搜索或者深度优先搜索方法，爬取目标网站的所有网页。可以将目标网站的网页 URL 路径看成一个有向图，迭代进行爬取，并需要对已经爬取过的网页进行标记，对未爬取网页的具体内容进行提取。在进行爬虫时，不断改变 URL 路径队列，及时发现网页新特点、网页是否更新等信息。

完成网络数据爬虫之后，搭建工作的第二步是对已经爬取的数据进行预处理。预处理包括关键信息提取、网页去重、分析网站内在联系、网页评分四部分。关键信息提取是建立搜索引擎的基础，是根据一个词典对已入库的内容进行拆分，形成关键词的过程。但是一般经过拆分后会形成很多词语，我们需要将语气词、助词等去掉，通过计算某个词出现的频率和位置进行相关度评分。网页去重是对爬取的入库网页进行去重，互联网信息量大，容易导致爬取的数据库中存在重复 URL 路径，可能会陷入死循环，不断浪费系统资源，降低检索效率。因此，网页去重也是数据预处理过程中的重要一步。分析网站内在联系，可以疏通各网页间存在的隐含关系，这对于判断和建立索引字段很重要。网页评分是搜索引擎最需要解决的问题，当用户输入关键字时，搜索引擎需要为用户展示出搜索结果列表。为了给用户提供相对满意的结果，通常需要对搜索结果列表进行排序，而网页评分就为列表排序提供了基础。网页评分是由 ES 服务器自动给出的，方便高效。

查询服务是搜索引擎预处理的最后一步，也是最关键一步。搜索引擎查询属于模糊查询，当用户输入查询内容时，需要对查询内容进行适当拆分，检索索引库，在综合比对标题索引、内容索引、标签索引后进行查询。

4.2.3 爬虫与反爬虫技术

爬虫是通过编写 web 脚本，批量获取网站数据的行为。研究反爬虫技术，突破反爬虫限制，可以更好地爬取网站数据。反爬虫是通过设置爬虫限制来防止爬虫的技术。反爬虫时可能出现误伤现象，可能将普通用户错误地识别成爬虫程序，因此反爬虫技术需要降低误伤率，当误伤率较高时，网站效率也就降低了。反爬虫的目的是保护自己网站中的有价值数据不外泄，以提高自身竞争能力。爬虫与反爬虫也有技术方面的对抗，两者相互促进，但网站的最终目的是营利，由于反爬虫成本太高，其最后也会放弃零爬虫目标。爬虫与反爬虫对抗过程如图 4.5 所示。

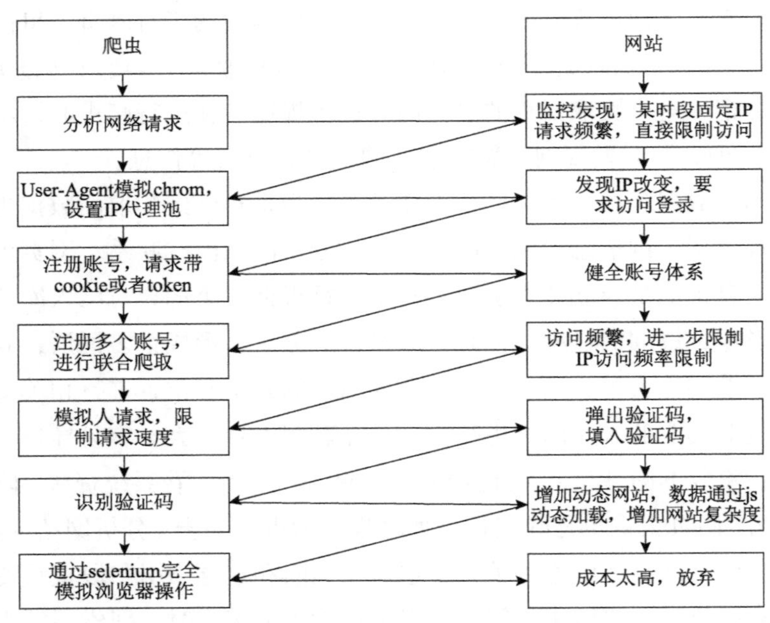

图 4.5 爬虫与反爬虫对抗过程

4.3 Scrapy 框架及 Elasticsearch 搜索引擎的概述

4.3.1 Scrapy 框架

要想熟练使用框架，必须先了解框架的工作原理。通过了解 Scrapy 框架的组成及工作原理，个体能够在使用 Scrapy 框架开发过程中提高效率和质量。以下将从 Scrapy 框架的概述、工作流程、安装及创建等方面进行介绍。

4.3.1.1 Scrapy 框架概述

Scrapy 框架是当前的一个主流爬虫框架，主体语言为 Python，具有开源、灵活的特点，既可用于自动化开发数据爬虫系统，也可用于数据挖掘、数据分析、搜索引擎等领域。起初 Scrapy 常被用于网页抓取，也可以通过请求网站获取返回接口数据。Scrapy 框架方便制定相应规则，获取制定内容。使用 Scrapy 框架的同时，可以使用 Python 开源库辅以开发。实验证明，使用 Scrapy 框架能够更高效率地完成数据爬取，具有很强的拓展性和重用性。

Scrapy 框架一般包括 Scrapy 引擎、调度器、下载器、爬虫、项目管道、下载器中间件、爬虫中间件七大部分，将 URL 在这七部分中进行数据抓取，Scrapy 框架组成及工作流程如图 4.6 所示。

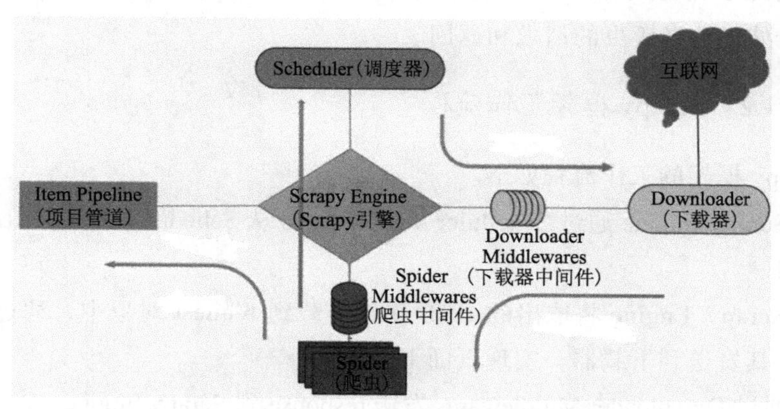

图 4.6　Scrapy 框架组成及工作流程

Scrapy 框架的整体结构包括以下几部分。

1）Scrapy Engine（Scrapy 引擎）：主要进行事件处理和信息调度，既是框架的事务处理中心，也是框架的核心组成部分，还是其他组件之间进行相互联系的枢纽。其常被用来接收数据流，并对其进行处理，为其他组件分配事件。

2）Scheduler（调度器）：主要用来对 URL 进行处理。当 Engine 发出请求时，Scheduler 将请求 URL 添加到已维护的队列中，用于决定下一次的爬取路径。当 Engine 再次发出请求时，直接返回引擎发过来的请求对象。每次通过从队列中取出 URL 请求，交由 Downloader 进行下载。Scheduler 维护的队列已进行了 URL 的去重工作。

3）Downloader（下载器）：通过解析 URL 队列中的 URL 路径并进行页面下载。当 Scheduler 发送 URL 到 Downloader 后，Downloader 通过联网进行网页下载。Downloader 是一种异步操作，可以同时下载多个页面，提高爬取效率。

4）Spider：主要进行网页实体提取，是一个爬虫系统的主要编程部分。操作对象是已下载的网页的响应，通过正则表达式制定实体提取规则，自动进行爬取。

5）Item Pipeline（项目管道）：主要是对爬虫程序已爬取的实体进行进一步修改。操作主要包括实体统一化处理、数据结构变化、入库存储。已获取的 Item 会进入 Pipeline，经过处理函数进行依次处理。

6）Downloader Middlewares（下载器中间件）：位于 Scrapy Engine 和 Downloader 之间，主要用于处理两者下载的请求和返回。

7）Spider Middlewares（爬虫中间件）：位于 Scrapy Engine 和 Spider 之间，主要用于处理两者爬虫的请求和返回。

4.3.1.2 Scrapy 框架工作流程

Scrapy 框架的工作流程如下。

1）Scrapy Engine 通过 Scheduler Middlewares 从 Scheduler 中的 URL 队列中取出 URL。

2）Scrapy Engine 将取出的 URL 路径加载到 request 对象中，通过下载中间件并将其发送到下载器，实现页面下载。

3）通过 Downloader Middlewares 发送 response 到 Scrapy Engine，将 response 通过 Spider Middlewares 发送到 Spider 进行数据爬取。

4）Scrapy Engine 将获取的 Spider 实体交给 Item Pipeline 进行处理。

5）如果 Spider 实体为 URL，则加入 Scheduler URL 队列中等待爬取；否则进行数据持久化等操作。

4.3.1.3　Scrapy 框架安装及创建

Scrapy 框架安装所需其他辅助工具如下。

1）Python2.7：Python3 不能更好地支持 Scrapy 框架，因此选择 Python2.7。

2）pip：主要用于安装工作，是一种安装软件。

使用 pip 工具安装 Scrapy 时，使用命令如下：

Pip install scrapy

Scrapy 项目通过以下命令创建：

Scrapy startproject ArticleSpider

通过以上 Scrapy 命令，创建了名为 ArticleSpider 的项目，通过 Pycharm 导入项目，Scrapy 项目初始文件包括 scrapy.cfg、item.py、middlewares.py、settings.py、pipeline.py 文件。其中，scrapy.cfg 是 Scrapy 框架的配置文件；在 item.py 中设计项目的实体结构；修改 middlewares.py 可以改变爬虫的请求和响应；修改 settings.py 可以改变 Scrapy 项目的默认设置；设计 pipeline.py 可以实现爬取数据的持久化。Spider 是根据实际情况进行自主编写的部分，是进行数据爬虫的核心代码，最后通过 main.py 执行 execute 命令，运行各个 Spider。

4.3.2　Elasticsearch 搜索引擎

当前，搜索引擎的搭建多种多样。若面对像百度这样的大型搜索引擎的数据量级时，则需要重新建立一套符合实际情况的搜索引擎，加入项目的需求和优化是很常见的。但如果搜索引擎只是普通的项目，只是面对小中型受众群体，就可以直接使用现有的“轮子”快速开发出符合需求的系统。而 Elasticsearch 正是这样的一种“轮子”，同时也会使搭建搜索引擎具有强大的功能。以下将从 Elasticsearch 的概述、核心概念、工作流程方面进行介绍。

4.3.2.1　Elasticsearch 概述

Apache Lucene 是当今效率最高的开源全文搜索引擎框架，由于它是一种框架，在开发中需要添加多种其他功能，并且使用门槛比较高，所以需要集成该框架以建立搜索引擎。Elasticsearch 是一个建立在 Apache Lucene 基础上的搜索引擎，使用时只需要开发好 API，不需要知道 Apache Lucene 的处理细节，因此使用更加方便。Elasticsearch 除了具有全文搜索功能外，还具有分布式文件实时存储、分布式实时分析、服务器扩展性功能。它将多功能集成到同一台服务器，能够方便地为用户提供服务。

Elasticsearch 是一种搜索引擎服务器，具有很强的可扩展性，可以通过建立索引完成分析和实时搜索。Elasticsearch 为搭建搜索引擎提供了检索、分析和展示等功能。Elasticsearch 的各部分都是独立的，其优势之处在于它把所有部分整合成一个统一、连贯的整体，并具有实时性。查询速度快是 Elasticsearch 的最大优势，因为它为每个关键字段都创建了索引，可以在同一个查询中使用所有的反向索引。

传统的关系型数据库具有单一的“字段对数值”的行列表，建立搜索引擎时，常常会根据每个字段不同的格式来进行调整，若使用关系型数据库，则每次检索都会重新建立行列表。Elasticsearch 面向文档型数据库，摒弃了常规关系型数据库的数据结构，拥有更多、更复杂的数据结构，如地点位置、对象、数组等。使用文档型数据库，存储的不仅是数据库的文档，也存储了数据库的索引，进行数据检索时，可直接检索建立的索引。

4.3.2.2 Elasticsearch 核心概念

Elasticsearch 所涉及的核心概念主要有以下几个。

1）Cluster（集群）。集群是一个分布式的概念，Elasticsearch 可以将任务分布于不同的服务器执行，实现服务器之间的协同合作，在处理大型数据时具有高容错性和高实用性特点。

2）Node（节点）。节点是集群中每个服务器的主机。

3）Shard（分片）。分片实现了分布式的高效率。服务器要处理的任务一般大而多，为了解决服务器响应速度慢、磁盘容量不足等问题，可将任务进行分片，分散到不同的服务器上执行。当查询索引的分片分布在不同服务器时，Elasticsearch 服务器将查询发送到每一个服务器上进行组合，但这个过程对用户是透明的。

分片还分为主分片和副分片，是在建立索引时创建的，创建后不能修改，一般是将不同的分片分布到不同的节点上，以提高查询的容错性。分片实例如图 4.7 所示。

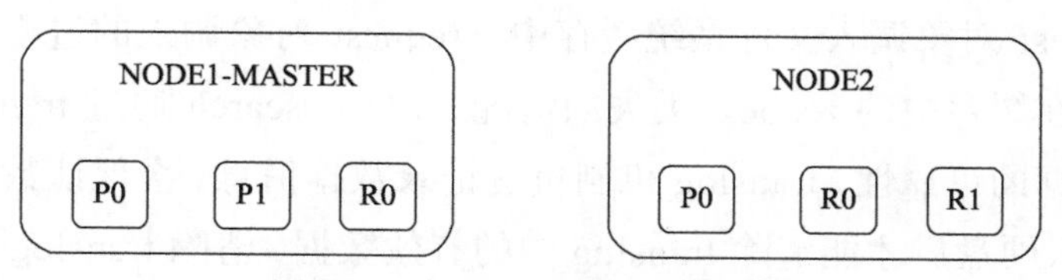

图 4.7　节点内主副分片结构图

4）Index（索引）。Elasticsearch 中的索引是一种逻辑概念，相当于数据库（date base，DB），是以文档集合为对象进行索引的。

5）Type（类型）。类型相当于 DB 中的表（table），索引中可以包含多种类型。

6）Document（文档）。文档对应于 DB 中的每一条记录，是被索引的基本单位。

7）Field（字段）。字段相当于 DB 中的属性，根据实际内容制定合适的字段信息，一般用 json 进行存储。

4.3.2.3　Elasticsearch 工作流程

当 Elasticsearch 启动时，通过寻找其他模块，将所有在相同集群的节点模块进行连接。通常情况下，Elasticsearch 发送广播信息到其他相同集群的节点模块，根据其他节点响应，以此来寻找相同集群节点。Elasticsearch 启动过程如图 4.8 所示。

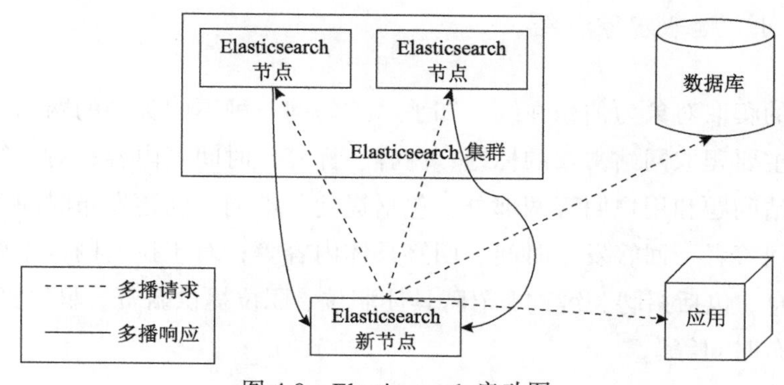

图 4.8　Elasticsearch 启动图

Elasticsearch 在进行文档检索时，一般是通过使用文档索引作为参数进行计算的，便于实现分片操作，提高效率。一个节点中的所有分片发出 request 时，首先将 request 对象写入缓存中，然后在系统设置的固定时间间隔下，将缓存中的 request 对象调入文件系统缓存中，request 对象调入的过程叫作刷新。当然，也存在缓存中的 request 丢失的情况，Elasticsearch 通过 translog 机制进一步保障数据的可靠性。translog 机制负责记录数据信息，会保证数据写入硬盘中。只有写入硬盘后才能清除 translog 中的有效数据，清除 translog 数据的过程叫作擦除。

4.4 数据爬虫及搜索引擎的实现

前三部分介绍了与爬虫系统相关的储备知识，从技术原理到技术实现已经做了充分的准备，本部分开始着手数据爬虫和搜索引擎的具体实现。数据爬虫采用 Scrapy 框架，目标爬虫网站为伯乐在线、知乎、拉勾网三个不同类型的网站，几乎能够涵盖所有的 Scrapy 爬虫技术。基于 Elasticsearch 建立搜索引擎，将爬取数据入库，建立索引，根据不同需求搜索不同内容。

4.4.1 数据爬虫总体结构

4.4.1.1 爬取对象介绍

本书的爬取对象为伯乐在线、知乎、拉勾网三种不同类型的网站。对于伯乐在线，主要爬取网站文章的标题、内容、标签、时间等内容；对于知乎，主要爬取网站问题和用户回答两部分，包括提问关键词、问题发布时间、问题具体内容、回答者、回答发布时间、回答具体内容等；对于拉勾网，主要爬取网站招聘信息，包括招聘关键词、招聘具体职位、职位提供薪资、职位要求信息、公司、发布时间等。

伯乐在线作为 IT 行业知名互联网职业社区，网站内容丰富，包含 IT 各类技术文章，文章作者也都是经验丰富的开发者，常发表一些工作见地，非常具有阅读价值。伯乐在线是一种典型的普通文本型网站，主要训练对网站的结构分析，对爬虫技术的要求一般，适合入手。拉勾网是当今比较流行的一种职业招聘网站，为各行业招聘用户提供了有价值信息。该网站字段复杂，网站结构分析困难，并且设置了登录访问限制。通过对此网站的爬虫，可以更深层次地了解 Scrapy 爬虫原理。知乎是一种典型的问答形式的网站，知乎对爬虫限制也是非常严格的，运用的反爬虫技术包括 IP 限制、User-Agent 限制、验证码校验等。通过对此网站的爬虫，可以更加细致地了解数据爬虫的工作原理。三种网络爬取对象要求的爬虫技术不断提高，有利于提高专业技能，具有研究价值。

4.4.1.2　总体结构设计

数据爬虫总体结构包括爬虫限制配置模块、数据爬取模块、数据入库模块三部分。

爬虫限制配置模块主要是通过 middlewares.py 配置 User-Agent 和用户动态 IP 来进行反爬虫的。

数据爬虫模块是分析网站结构，定义爬取字段，通过 Scrapy 框架制定网站数据提取规则，调用不同的回调函数解析出所需内容。

数据入库模块是根据数据爬虫模块解析的字段设计数据库表，通过设置 setting.py 中的数据库配置，在 pipeline.py 中使用 twisted 提供的异步操作进行数据入库。

4.4.2　数据爬虫具体实现

4.4.2.1　爬虫限制配置模块

IP 是每一个用户的唯一标识，爬虫限制通过检测用户 IP 访问次数来识别该用户是否为爬虫程序，因此设置动态 IP 也是必须做的准备。

User-Agent 是用户访问网站服务器时所要携带的必要信息，通过一串字符串使得服务器能够知道该访问用户所使用的操作系统及浏览器版本等信息，服务器也会根据用户代理信息，选择正确的返回结果，User-Agent 实例如图 4.9 所示。

User-Agent: Mozilla/5.0 (Windows NT 10.0; Win64; x64) AppleWebKit/537.36 (KHTML, like Gecko) Chrome/63.0.3239.84 Safari/537.36

图 4.9　User-Agent 实例

进行爬虫时，首先需要配置 User-Agent 用户数据和变换用户 IP，这样就不需要担心爬取对象对 User-Agent 和 IP 的限制。以下将详细介绍随机更换 User-Agent 和用户 IP 的实现过程。

User-Agent 是在进行爬虫模块时，目标网站会对 request 信息进行检测。根据 Scrapy 框架结构图，User-Agent 随机变换需要在 Downloader 和 Spider 之间进行。而 Downloader Middlewares 正好处于两者之间，是一种全局组件，所以将具体操作设置在 Downloader Middlewares 上。

创建一个新的 Downloader Middlewares，需要在 setting.py 中进行设置。首先需要将 setting.py 文件中的 DOWNLOADER_MIDDLEWARES 的注释去掉，然后需要将 Scrapy 框架默认的 Downloader Middlewares 设置为空，最后再添加新的 Middleware 处理类，代码如下：

```
DOWNLOADER_MIDDLEWARES={
#设置随机 ua
'ArticleSpider.middlewares. RandomUserAgentMiddleware':543,
  'scrapy. dowloadermiddlewares. useragent. UserAgentMiddleware’: None
}
```

创建 RandomUserAgentMiddleware 类，并进行变换操作，随机变换 User-Agent 的操作如下：

```
class RandomUserAgentMiddleware(object):
#随机更换 user-agent
def __init__(self,crawler):
    super(RandomUserAgentMiddleware,self).__init__()
```

```
        self.ua=UserAgent ()
        self.ua_type=crawler.settings.get("RANDOM_UA_TYPE","random")
    @classmethod
    def from_crawler(cls,crawler):
        return cls(crawler)
    def process_request(self,request,spider):
        def get_ua():
            return getattr(self.ua,self.ua_type)
        request.headers.setdefault('User-Agent',get_ua())
        #request.meta["proxy"]="http://112.114.99.55:8118"
```

RandomUserAgentMiddleware 类中，用 from_crawler 函数将 crawler 传入类中，通过初始化方法可以设置和获取爬虫信息。使用三方开源库 fake-useragent 随机获取 User-Agent，fake-useragent 已经为我们开发和维护了一个 User-Agent 库。初始化方法首先调用父类初始化方法，之后将获取的随机 User-Agent 设置到类中的 ua 变量中，方便之后使用，最后通过获取 setting 中 RANDOM_UA_TYPE 配置所需要的 ua 类型。在 process_request 中，用函数 get_ua 获取到 User-Agent，然后设置 request 的默认 User-Agent 类型。

设置动态用户 IP，首先需要一个 IP 库，为了建立 IP 库，以西刺动态 IP 代理网站为对象，爬取该网站的 IP 数据并入库，如表 4.1 所示。

表 4.1　西刺动态 IP 表

字段	类型	含义
ip	varchar(20) NOT NULL	代理 IP
port	varchar(10) NULL	IP 端口
speed	float NULL	延时
proxy_type	varchar(5) NULL	协议

使用动态用户 IP 代理，可以随机从数据库中取出 IP 作为用户的 IP，这样进行爬虫可以突破 IP 限制。

以上已经建立了动态 IP 库，入库结果如图 4.10 所示。

ip	port	speed	proxy_type
112.114.96.8	8118	1.356	HTTPS
112.114.96.99	8118	0.328	HTTPS
112.114.97.49	8118	1.715	HTTPS
112.114.98.163	8118	2.308	HTTPS
112.114.98.36	8118	2.964	HTTPS
112.114.98.7	8118	0.33	HTTP
112.114.99.57	8118	0.932	HTTP
112.114.99.73	8118	1.57	HTTPS
112.228.153.190	8118	0.099	HTTPS
113.207.7.2	808	1.521	HTTPS
117.68.194.118	808	6.207	HTTPS
119.144.14.26	8118	0.169	HTTP
122.114.31.177	808	0.107	HTTP
122.228.179.178	80	2.995	HTTP
123.114.206.26	8118	0.031	HTTPS
123.14.171.67	8118	0.091	HTTP
123.152.77.126	8118	0.141	HTTPS
123.55.187.2	28057	0.18	HTTPS
125.40.8.71	8118	0.256	HTTPS
171.35.103.37	808	0.196	HTTPS
171.39.40.204	8123	0.464	HTTPS

图 4.10 西刺动态 IP 入库结果

接下来需要在 middlewares.py 中修改 request 的 meta。创建 RandomProxy Middleware 类，在 process_request 中进行操作，代码如下：

```
Class RandomProxyMiddleware(object):
    def process_request(self, request, spider):
        get_ip=GetIp( )
        request.meta["proxy"]=get_ip.get_random_ip( )
```

GetIp 是一个工具类，包括 delete_ip、judge_ip、get_random_ip 三种方法。GetIp 通过 get_random_ip 方法获取一个数据的 IP，需要通过 judge_ip 来判断获取的 IP 是否有效，若无效，则使用 delete_ip 方法将该 IP 从数据库中删除；若有效，则返回 IP 数据。

4.4.2.2 数据爬虫模块

数据爬虫模块主要是针对三个不同网站进行分析，并编写相对应的 Spider 文件。以下将针对不同的网站进行爬虫，同时详细介绍网站分析、定制爬虫规则等细节。

伯乐在线主要以文章为主，爬取主要分为获取 URL 队列和文章爬取两部分。首先需要获取 URL 队列，代码如下：

```
def parse(self, response):
    # 获取所有文章的 url
    # 1.获取当前页的文章所有的 url，并交由 scrapy 下载后解析
    post_nodes=response.css("#archive .floated-thumb .post-thumb a")
    for post_node in post_nodes:
      #异步机制
      image_url=post_node.css("img::attr(src)").extract_first("")
      post_url=post_node.css("::attr(href)").extract_first("")
      yield Request(dont_filter=True,meta={"front_image_url":image_url},
                    url=parse.urljoin(response.url,post_url),
                    callback=self.parse_detail)
    # 2.获取下一页的 url,并交由 scrapy 进行下载,下载完成后交给 parse
next_url=response.css(".next.page-numbers::attr(href)").extract_first("")
        if next_url:
            yield
Request(dont_filter=True,url=parse.urljoin(response.url,next_url),
callback=self.parse)#
```

网站整体是分页结构，每一页中以列表形式展示每个条目。给定网站首页 http://blog.jobbole.com/all-posts/，通过浏览器调试功能找出文章 URL 层次结构，将正则表达式运用于 css 选择器，提取出当前页所有文章的 URL，保存至 URL 队列中，使用 yield 将队列作为参数运行回调函数，解析每个文章的 URL。yield 具有异步机制，运行回调函数后，代码继续执行，通过选择器获取下一页的 URL 路径，如果存在下一页文章的 URL，将 URL 路径作为参数运行回调 parse 函数，进入迭代。

每次获取到每页上每个文章的 URL 时，都会调用文章解析函数 parse_detail，该函数的功能是具体解析文章 URL 的内容，主要爬取文章的标题、url 路径、创建时间、标签、评论数、内容、图片等信息，使用 itemloader 提取

数据并保存到 item，之后返回，代码如下：

```
def parse_detail(self,response):
        #通过 itemloader 来保存 item
        item_load=ArticleItemLoader(item=JobBoleArticleItem(),response=response)
        item_load.add_css("title",".entry-header h1::text")
        item_load.add_value("url_object_id",get_md5(response.url))
        item_load.add_value("url",response.url)
        item_load.add_css("create_time","p.entry-meta-hide-on-mobile::text")
        item_load.add_value("front_image_url",[front_image_url])
        item_load.add_css("praise_num",".vote-post-up h10::text")
        item_load.add_css("comment_num","a[href='#article-comment'] span::text")
        item_load.add_css("fav_num",".bookmark-btn::text")
        item_load.add_css("tags","p.entry-meta-hide-on-mobile a::text")
        item_load.add_css("content","div.entry")
        article_item=item_load.load_item()
        yield article_item
```

拉勾网以招聘信息为主，同爬取伯乐在线网站一样，需要对该网站进行结构分析。通过分析得到拉勾网中招聘信息的 URL 都是以 https://www.lagou.com/zhaopin/n、https://www.lagou.com/gongsi/n、https://www.lagou.com/jobs/n 这三种形式存在的，n 代表剩余路径。直接可以设置 rules，只爬取该网站上这三种 URL 路线，rules 设置如下：

```
rules = (
        Rule(LinkExtractor(allow=("zhaopin/.*",)),follow=True),
        Rule(LinkExtractor(allow=("gongsi/j\d+.html",)), follow=True),
        #Rule(LinkExtractor(allow=("www.lagou.com/zhaopin/",)),
callback='parse_job', follow=True),
)
```

只有当 URL 是 https://www.lagou.com/jobs/n 这种形式时，才有具体的招聘，所以当发现此类 URL 时，需要调用 parse_job 函数进行详细解析。当 URL 是另外两种形式时，Scrapy 框架将调用默认的 parse 函数对 URL 进行进一步解析，进入迭代，这也具有异步机制。

每次获取到 https://www.lagou.com/jobs/n 这种形式都会执行 parse_job 函数，在该函数中，通过正则表达式获取到具体信息，用 itemloader 将信息加载到 item 中并返回，代码如下：

```
def parse_job(self, response):
        # 解析拉勾网的职位
        item_loader=LagouJobItemLoader(item=LagouJobItem(),response=response)
        item_loader.add_css("title",".job-name::attr(title)")
        item_loader.add_value("url",response.url)
        item_loader.add_value("url_object_id",get_md5(response.url))
        item_loader.add_css("salary",".job_request .salary::text") item_loader.add_
xpath ("job_city","//*[@class='job_request']/p/span[2]/text()")
        item_loader.add_xpath("work_years","//*[@class='job_request']/p/span[3]
        /text()")
        item_loader.add_xpath("degree_need","//*[@class='job_request']/p/span[4]
        /text()")
        item_loader.add_xpath("job_type","//*[@class='job_request']/p/span[5]/
        text()")
        item_loader.add_css("tags",".position-label li::text")
        item_loader.add_css("publish_time",".publish_time::text")
        item_loader.add_css("job_advantage",".job-advantage p::text")
        item_loader.add_css("job_desc",".job_bt div")
        item_loader.add_css("job_addr",".work_addr")
        item_loader.add_css("company_url","#job_company dt a::attr(href)")
        item_loader.add_css("company_name","#job_company dt a img::attr(alt)")
        item_loader.add_value("crawl_time",datetime.now())
        job_item=item_loader.load_item()
        return job_item
```

知乎是以提问和回答为主，爬取数据主要包括问题发布时间、问题主题、问题具体内容、回答发布时间、回答者昵称、回答具体内容等。首先对知乎网站进行结构分析，提取所有 URL，并跟踪 URL 路径进行进一步爬取，如果提取的 URL 为“/question/”时，直接进入下载，代码如下：

```
def parse(self, response):
        #提取出所有 url，并跟踪这些 url 进一步爬取
        #如果提取的 url 为"/question/xxx"，直接进入下载
        all_urls=response.css("a::attr(href)").extract()
        all_urls=[parse.urljoin(response.url,url) for url in all_urls]
        all_urls=filter(lambda x:True if x.startswith("https") else False,all_urls)
        for url in all_urls:
            match_obj=re.match("(.*zhihu.com/question/(\d+))(/|$).*",url)
            if match_obj:
                    #如果提取到了 question 相关 url 则进行提取
                          request_url=match_obj.group(1)
                    yieldscrapy.Request(request_url,headers=self.headers,callback=
                    self.parse_question)
              else:
                    #否则继续跟踪该 url
                    Yieldscrapy.Request(url,headers=self.headers,callback=self.parse)
```

如果提取到 question 相关 URL 时，调用 parse_question 函数对问题进行具体爬取，代码如下：

```
def parse_question(self,response):
        #处理 question 页面，从页面中提取具体的 question item
        if "QuestionHeader-title" in response.text:
        match_obj = re.match("(.*zhihu.com/question/(\d+))(/|$).*", response.url)
          if match_obj:
                question_id = int(match_obj.group(2))
          #处理新版本
         item_loader=ItemLoader(item=ZhihuQuestionItem(),response=response)
         item_loader.add_css("title","h1.QuestionHeader-title::text")
```

```
        item_loader.add_css("content",".QuestionHeader-detail")
        item_loader.add_value("url",response.url)
        item_loader.add_value("zhihu_id",question_id)
        item_loader.add_css("answer_num",".List-headerText span::text")
        item_loader.add_css("comments_num",".QuestionHeader-Comment
button::text")
        item_loader.add_css("topics",".QuestionHeader-topics.Popover div::text")
        question_item=item_loader.load_item()
```

知乎网站中，回答内容提取与提问提取方法类似，在此不再赘述。

通过每部分的断点调试来验证爬虫的完整性，爬虫过程中会遇到很多反爬虫限制，但最终都得到了解决，关于其中的关键问题，后续将会介绍。至此，三种不同类型网站的数据爬取设计完毕，从网站结构分析到最后返回 item，是爬虫程序的核心内容。

4.4.2.3　数据入库模块

在通过 Spider 完成数据爬虫后，需要将数据入库并进行持久化。在设计数据库表时，根据爬取的三种不同信息创建三种不同的数据库表。三种不同数据表如表 4.2—表 4.5 所示。

表 4.2　伯乐在线数据库表

字段	类型	含义
title	varchar(200) NULL	标题
create_time	date NULL	创建时间
url	varchar(300) NULL	文章 url
url_object_id	varchar(50) NOT NULL	urlMd5 值
front_image_url	varchar(300) NULL	列表图片 url
front_image_path	varchar(200) NULL	列表图片在本地的地址
comment_nums	int(11) NULL	评论数
fav_nums	int(11) NULL	收藏数
parise_nums	int(11) NULL	点赞数
tags	varchar(200) NULL	标签
content	longtext NULL	内容

表 4.3 知乎问题数据库表

字段	类型	含义
title	varchar(200) NULL	标题
create_time	date NULL	创建时间
url	varchar(300) NULL	文章 url
zhihu_id	bigint(20) NOT NULL	知乎 id
toptics	varchar(255) NULL	问题标签
update_time	datetime NULL	内容更新时间
comments_num	int(11) NULL	评论数
answer_nums	int(11) NULL	回答数
watch_user_num	int(11) NULL	浏览数
click_num	int(11) NULL	点击数
crawl_time	datetime NULL	爬取时间
crawl_update_time	datetime NULL	更新爬取时间
content	longtext NULL	内容

表 4.4 知乎回答数据库表

字段	类型	含义
title	varchar(200) NULL	标题
create_time	date NULL	创建时间
url	varchar(300) NULL	文章 url
zhihu_id	bigint(20) NOT NULL	知乎 id
update_time	datetime NULL	内容更新时间
comments_num	int(11) NULL	评论数
question_id	bigint(20) NULL	问题 id
answer_id	bigint(20) NULL	回答者 id
crawl_time	datetime NULL	爬取时间
crawl_update_time	datetime NULL	更新爬取时间
content	longtext NULL	内容

表 4.5　拉勾网职位信息数据库表

字段	类型	含义
url	varchar(300) NULL	招聘信息 url
url_object_id	varchar(50) NULL	urlMd5 值
title	varchar(100) NULL	招聘信息标题
salary	varchar(20) NULL	薪资
job_city	varchar(10) NULL	工作所在城市
work_years	varchar(100) NULL	工作经验
degree_need	varchar(30) NULL	学历要求
job_type	varchar(20) NULL	职位类型
job_advantage	varchar(1000) NULL	职位优势
publish_time	varchar(20) NULL	发布时间
tags	varchar(100) NULL	职位标签
job_desc	longtext NULL	职位描述
job_addr	varchar(50) NULL	工作地点
company_url	varchar(300) NULL	公司 url
company_name	varchar(100) NULL	公司名称
crawl_time	datetime NULL	爬取时间
crawl_update_time	datetime NULL	更新爬取时间

建立好了数据库后，需要连接数据库。用 Scrapy 框架提供的 twisted 进行连接操作，可以根据不同的 item 执行不同的数据库操作，具有更好的异步性。当 spider 将 item 返回到 pipeline 时，则需要在 pipeline 中进行数据库操作。创建 MysqlTwistedPipline 类进行数据库连接和数据入库操作，该类包括 from_settings、process_item、handle_error、do_insert 四种方法。

from_settings 方法是获取 setting.py 中配置的数据库信息，包括 host、名称、用户名、密码，并通过连接池连接数据库，代码如下：

```
def from_settings(cls,settings):
        dbparms=dict(
```

```
            host=settings["MYSQL_HOST"],
            db=settings["MYSQL_DBNAME"],
            user=settings["MYSQL_USER"],
            password=settings["MYSQL_PASSWORD"],
            charset='utf8',
            cursorclass=MySQLdb.cursors.DictCursor,
            use_unicode=True,
            )
            dbpool=adbapi.ConnectionPool("MySQLdb",**dbparms)
            return cls(dbpool)
```

process_item 方法是该类的核心方法，主要用于数据入库和错误处理。通过 runInteraction 方法，将 item 参数传入 do_insert 方法进行入库操作，返回参数调用 addErrback 方法进行错误处理。为了让代码具有动态性，设置统一函数 get_insert_sql，让各个 item 与方法相匹配，返回相应的数据库以操作语句和参数，代码如下：

```
 def process_item(self,item,spider):
            #异步执行
            query=self.dbpool.runInteraction(self.do_insert,item)
            query.addErrback(self.handle_error,item,spider)
    def handle_error(self,failure,item,spider):
            #插入错误处理
            print(failure)
    def do_insert(self,cursor,item):
            #数据库操作
            #根据不同的 item，执行不同的 sql
            insert_sql,params=item.get_insert_sql()
            cursor.execute(insert_sql,params)
```

在 setting.py 中设置如下配置：

```
ITEM_PIPELINES={
'ArticleSpider.pipelines.MysqlTwistedPipline': 1
}
```

设置 main.py 文件，用 execute 方法执行各个 Spider，完成数据爬虫和数据入库操作。

4.4.3 突破反爬虫限制

在进行爬虫第二模块过程中，会遇到不同的反爬虫限制，如访问时必须登录、登录时要输入校验验证码、用户请求参数 User-Agent 频率限制、用户访问 IP 频率限制等。用户请求参数 User-Agent 频率限制、用户访问 IP 频率限制已经在爬虫配置模块完成，以下将详细介绍如何突破访问登录和验证码校验的反爬虫限制。

4.4.3.1 模拟访问登录

访问登录与 cookie 机制有密切的关系。http 协议是一种无状态协议，不能够进行自动登录。为了能够缓存用户与服务器之间的信息，使用 cookie 本地存储机制。当用户请求第一次服务器登录时，服务器分配一个 ID 返回到浏览器，并存储到 cookie 中，再次请求时将带上 cookie 中的 ID 请求服务器，服务器识别 ID 后直接返回请求结果。但是 cookie 本地存储机制存在安全隐患，如密码等敏感信息可能会被分析而获得，因此就引入了 session 机制，服务器根据用户敏感信息生成用户 ID 并返回给浏览器，而浏览器不需要再存储密码等敏感信息。因此，在模拟登录时，通过请求服务器，获取服务器返回的用户 ID 信息，当再一次请求时，只需发送用户 ID 信息即可访问。

以拉勾网为例，当访问拉勾网职位招聘信息时，会跳出用户登录页面进行登录，否则不予访问。访问登录使用 Selenium 框架模拟登录，Selenium 框架是一种自动化测试工具，用于 web 开发测试，模拟用户操作。首先需要配置 Selenium 框架模拟登录环境，在 Python 环境中安装 Selenium，Selenium 要想操作一个浏览器，就必须使用与之相对应的 driver，之后可以编写模拟登录操作，代码如下：

```
    def __init__(self):
        self.browser = webdriver.Chrome(
            executable_path="G:/python/Envs/ArticleSpider/chromedriver.exe")
        super(LagouSpider, self).__init__()
        dispatcher.connect(self.spider_closed, signals.spider_closed)
    def spider_closed(self, spider):
        # 当爬虫退出的时候退出 chrome
        print("spider closed")
        self.browser.quit()
    def start_requests(self):
        self.browser.get("https://passport.lagou.com/login/login.html")
        self.browser.find_element_by_css_selector("div:nth-child(2) > "
                                "form > div:nth-child(1) > input").send_keys(
            "18119318127")
        self.browser.find_element_by_css_selector("div:nth-child(2) > "
                                "form > div:nth-child(2) > input").send_keys(
            "915421")
        self.browser.find_element_by_css_selector(
         "div:nth-child(2)>form>div.input_item.btn_group.clearfix>input").click()
        # import time
        # time.sleep(10)
        Cookies = self.browser.get_cookies()
        jsonCookies=json.dumps(Cookies)
        cookie=json.loads(jsonCookies)
        self.cookie=cookie
        self.browser.close()
        return  [scrapy.Request(url=self.start_urls[0], cookies=cookie, callback=
self.parse)]
```

在初始化函数中，通过浏览器 driver 获取 browser 对象，用于操作浏览器。Start_request 是模拟登录的核心函数，通过 browser 中的 get 方法打开浏览指定的 URL 路径，使用选择器获取用户名输入框、密码输入框、登录按钮网页组件，自动输入指定用户名和密码，模拟用户点击登录请求服务器，使用 browser 中的 get_cookies 方法获取服务器返回的 cookie 信息。将 cookie 变换成 json 形式，作为每个其他 URL 路径的参数。

4.4.3.2 验证码校验

登录时输入验证码是一种常见的校验模式。验证码一般有字母类、数字类、汉字类三大类。以知乎网为例，登录知乎需要输入验证码，否则不予登录成功。验证码识别采用第三方云打码工具，代码如下：

```
def login_after_captcha(self, response):
    with open("captcha.jpg", "wb") as f:
        f.write(response.body)
        f.close()
    from PIL import Image
    try:
        im = Image.open('captcha.jpg')
        im.show()
        im.close()
    except:
        pass
    captcha = input("输入验证码\n>")
    #captcha=self.yundama()
    post_url = "https://www.zhihu.com/login/phone_num"
    post_data = response.meta.get("post_data", {})
    post_data['captcha'] = captcha
    return [scrapy.FormRequest(
        url=post_url,
        formdata=post_data,
        headers=self.headers,
        callback=self.check_login
    )]
```

在登录知乎时，模拟请求知乎登录服务器，通过浏览器调试功能获取验证码图片的 URL，将 URL 作为参数，用 Scrapy 的 request 回调 login_after_captcha 函数，获取 captcha 并继续执行登录操作。login_after_captcha 函数用服务器 response 获取验证码图片，将图片缓存到本地，再使用第三方云打码识别本地验证码图片，返回验证码结果，验证码识别代码如下：

```
def yundama(self):
    # 用户名
    username = 'depchen'
    # 密码
    password = '915421'
    appid = 4846
    appkey = '8e12802c02d379f13786f05b2f453e40'
    # 图片文件 G:\python\Envs\ArticleSpider\captcha.jpg
    filename = 'G:\python\Envs\ArticleSpider\captcha.jpg'
    codetype = 1004
    timeout = 60
    if (username == 'username'):
        print('请设置好相关参数再测试')
        return ""
    else:
        # 初始化
        yundama = YDMHttp(username, password, appid, appkey)
        # 登陆云打码
        uid = yundama.login();
        print('uid: %s' % uid)
        # 查询余额
        balance = yundama.balance();
        print('balance: %s' % balance)
      # 开始识别，图片路径，验证码类型 ID，超时时间（秒），识别
结果
```

```
text = yundama.decode(filename, codetype, timeout);
print('text: %s' % text)
return text
```

引入第三方开发库，按照第三方开发文档，配置好用户名、密码、appid、appkey、filename、codetype、timeout 等信息，用 YDMHttp 类实例化对象 yundama，调用 yundama 对象的 decode 方法即可返回验证码。

4.4.4　搜索引擎实现

4.4.4.1　搜索引擎总体结构

实现搜索引擎分为 Elasticsearch 服务器搭建、django 搭建搜索网站两大部分。Elasticsearch 服务器搭建包括从 Elasticsearch 服务器的安装到把数据写入 Elasticsearch 服务器中的完整过程，使用 elasticsearch-head 和 kibana 实现字段可视化操作。django 搭建搜索网站可实现搜索功能，能够对爬取的数据进行搜索，为用户展示搜索结果列表。下面将详细介绍这两部分。

4.4.4.2　Elasticsearch 服务器搭建

为搭建 Elasticsearch 服务器，首先需要安装 Elasticsearch 服务器及相关工具。Elasticsearch 服务器的安装选择开源的 Elasticsearch 的中文官方版——elasticsearch-rtf，中文版中添加了更多的功能插件，以方便使用和测试。elasticsearch-rtf 需要 Java 开发工具包（Java development kit，JDK）1.8 以上、2G 内存的运行环境，在官方网站下载 elasticsearch-rtf 压缩包，使用解压软件解压压缩包，运行解压文件中的 elasticsearch.bat 文件，即可安装。打开浏览器，转到 127.0.0.1:9200，出现 Elasticsearch 相关信息则说明安装成功。安装 elasticsearch-head 以实现 Elasticsearch 数据库可视化，elasticsearch-head 是 Elasticsearch 的一个插件。安装后，在控制台中运行 npm run start 命令，直至安装成功，elasticsearch-head 默认端口为 http://localhost:9100。elasticsearch-head 运行代码如下：

```
PS G:\python\elasticsearch-head-master> npm run start
    > elasticsearchhead@0.0.0 start G:\python\elasticsearch-head-master
```

```
> grunt server
(node:14256) Experimental Warning: The http2 module is an experimental API.
Running "connect:server"(connect) task
Waiting forever…
Started connect web server on http://localhost:9100
```

打开浏览器，转到 http://localhost:9100，显示 Elasticsearch 数据库内容，结果如图 4.11 所示。

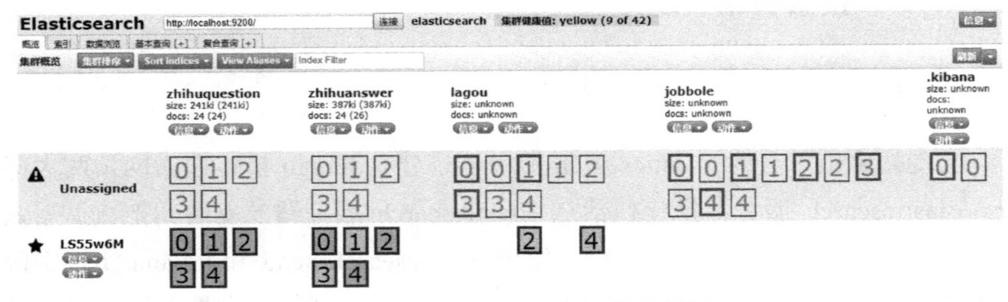

图 4.11 elasticsearch-head 操作界面

Kibana 能够完成与 Elasticsearch 的交互，方便操作 Elasticsearch 数据库。安装 Kibana 需要下载 Kibana 压缩包，解压后打开 bin 文件夹，运行 kibana.bat 即可使用。Kibana 默认链接为 127.0.0.1:5601，打开浏览器输入默认链接，则可在显示页面进行操作。

以上完成了 Elasticsearch 服务器及相关工具的安装，接下来需要将数据写入 Elasticsearch 中。写入数据时，首先要为 Elasticsearch 建立索引信息，索引信息包括伯乐在线、知乎问题、知乎回答、拉勾网四种索引信息，代码如下：

```
class ArticleType(DocType):
    #伯乐在线文章类型
    suggest=Completion(analyzer=ik_analyzer)
    title = Text(analyzer="ik_max_word")  # 标题
    create_time = Date()# 创建时间
    url = Keyword()  # url
    url_object_id =Keyword()  # url md5
    front_image_url = Keyword() # 列表图片 url
```

```
    front_path_url = Keyword()  # 本地图片 url
    praise_num = Integer()  # 点赞数
    comment_num = Integer() # 评论数
    fav_num = Integer()  # 收藏数
    tags = Text(analyzer="ik_max_word")  # 标签
    content = Text(analyzer="ik_max_word")  # 内容
    class Meta:
        index="jobbole"
        doc_type="article"
if __name__=="__main__":
    ArticleType.init()
es_type_lagou.py
# encoding: utf-8
'''
@author: depchen
@file: es_types.py
@time: 2017/12/13 15:07
@desc:
'''
from datetime import datetime
from elasticsearch_dsl import DocType, Date, Nested, Boolean, \
    analyzer, InnerObjectWrapper, Completion, Keyword, Text,Integer
from elasticsearch_dsl.analysis import CustomAnalyzer as _CustomAnalyzer
from elasticsearch_dsl.connections import connections
connections.create_connection(hosts=["localhost"])
class CustomAnalyzer(_CustomAnalyzer):
    def get_analysis_definition(self):
        return []
ik_analyzer=CustomAnalyzer("ik_max_word",filter=["lowercase"])
class ArticleType_lagou(DocType):
    # 拉勾 ITEM
```

```
suggest=Completion(analyzer=ik_analyzer)
title = Text(analyzer="ik_max_word")
url = Keyword()
url_object_id = Keyword()
salary = Keyword()
job_city = Text(analyzer="ik_max_word")
work_years = Keyword()
degree_need = Text(analyzer="ik_max_word")
job_type = Text(analyzer="ik_max_word")
publish_time = Keyword()
tags = Text(analyzer="ik_max_word")
job_advantage = Text(analyzer="ik_max_word")
job_desc = Text(analyzer="ik_max_word")
job_addr = Keyword()
company_url = Keyword()
company_name = Keyword()
crawl_time = Date()
class Meta:
    index="lagou"
    doc_type="job"
```

运行这四种索引，可在 elasticsearch-head 中显示其内容。这个过程类似于数据库中数据库表的设计。

建立了 Elasticsearch 索引信息后，需要将原来写入数据库的操作改为写入 Elasticsearch。在 pipeline.py 中编写新的 pipeline 用于写入 Elasticsearch。为了实现代码的动态性，将写入操作分别放入各个 item 中。此时，重新运行爬虫系统，直接将爬取的数据存入 Elasticsearch 数据库中，Elasticsearch 自动将数据进行分词打分。

4.4.4.3 django 搭建搜索网站

搭建搜索网站分为前台界面和后台逻辑操作。前台界面使用 html 和 css 组合完成，前后台的数据交互则使用 js 动态操作和 ajax 异步技术完成。后台采用 django 框架。前台界面主要有 index.html 和 result.html 两个页面，index.html 主要用来展示搜索网站首页，result.html 主要用来展示搜索结果。

用 django 框架开发网站后台，主要是通过配置 urls.py 调用 views.py 中相应的方法。urls.py 配置代码如下：

```
urlpatterns = [
url(r'^admin/', admin.site.urls),
url(r'^$',TemplateView.as_view(template_name="index.html"),name="index"),
url(r'^suggest/$',SearchSuggest.as_view(), name="suggest"),
url(r'^search/$',SearchView.as_view(), name="search"),
]
```

页面通过请求 name 值即可请求所对应的类方法。完成 urls.py 配置后，需要编写相对应的业务逻辑，主要的逻辑操作有搜索和推荐两种，对应的类分别是 SearchSuggest 和 SearchView。

当用户输入搜索关键字时，前台界面通过 ajax 异步请求，经过 urls.py 路由找到相对应的执行类，SearchSuggest 类可以将关键字获取并发送给 Elasticsearch，Elasticsearch 对发送过来的关键字进行分词，并与 Elasticsearch 的 suggest 字段进行比对，返回比对评分高的前 5 个数据并以 json 形式返回给前台界面，以下为文章搜索推荐代码，其他搜索类似，不再赘述：

```
if type=="article":
            key_words=request.GET.get('s','')
            re_datas=[]
            if key_words:
                s=ArticleType.search()
                s=s.suggest('my_suggest',key_words,completion={
                    "field":"suggest","fuzzy":{
                        "fuzziness":2,
                    },
```

```
                    "size": 10
                })
                suggestions=s.execute_suggest()
                for match in suggestions.my_suggest[0].options:
                    source=match._source
                    re_datas.append(source["title"])
            return
HttpResponse(json.dumps(re_datas),content_type="application/json")
```

首先获取 request 中的关键字信息，ArticleType 是自定义的一种模型，用来连接 Elasticsearch 和执行搜索。设置匹配的字段为 Elasticsearch 库中的 suggest 字段，设置编辑距离为 2 个字符，调用 ArticleType 对象的 suggest 方法完成关键字推荐，将结果放入列表 re_datas 中并返回给前台页面。

SearchView 方法是用来根据用户所输关键字查询 Elasticsearch 库。首先通过 elasticsearch 类实例化对象 client，调用 client 的 search 方法检索，返回 response。文章搜索代码如下，其他搜索类似，不再赘述：

```
client=Elasticsearch(hosts=["127.0.0.1"])
redis_cli=redis.StrictRedis()
# Create your views here.
class SearchSuggest(View):
    def get(self,request):
        type=request.GET.get('s_type','')
        if type=="article":
            key_words=request.GET.get('s','')
            re_datas=[]
            if key_words:
                s=ArticleType.search()
                s=s.suggest('my_suggest',key_words,completion={
                    "field":"suggest","fuzzy":{
                        "fuzziness":2,
```

```
            },
            "size": 10
        })
```

提取 response 中的内容，返回给 result.html 前台界面，代码如下：

```
    total_num=response["hits"]["total"]
    if total_num%10>0:
        page_nums=int(total_num/10)+1
    else:
        page_nums=int(total_num/10)
    hit_list=[]
    for hit in response["hits"]["hits"]:
        hit_dict={}
        if "highlight" in hit and "title" in hit["highlight"]:
            hit_dict["title"]="".join(hit["highlight"]["title"])
        else:
            hit_dict["title"] = hit["_source"]["title"]
        if "highlight" in hit and "content" in hit["highlight"]:
hit_dict["content"]="".join(hit["highlight"]["content"])[:500]
        else:
            hit_dict["content"] = hit["_source"]["content"][:500]
        if "highlight" in hit and "topics" in hit["highlight"]:
            hit_dict["tags"] = "".join(hit["highlight"]["tags"])
        else:
            hit_dict["tags"] = hit["_source"]["tags"]
        hit_dict["create_date"]=hit["_source"]["create_time"]
        hit_dict["url"]=hit["_source"]["url"]
        hit_dict["score"]=hit["_score"]
        hit_dict["url_type"]="伯乐在线"
        hit_list.append(hit_dict)
```

通过 result.html 显示搜索的结果，显示结果采用分页形式。至此，从数据写入到搭建搜索网站，整个搜索引擎已经完成。

4.5 爬虫测试与成果展示

本章上一部分详细介绍了数据爬虫和搜索引擎实现的工作流程。本部分将对已实现内容进行测试运行，并展示成果。

4.5.1 测试环境

操作系统：Windows 10 旗舰版。

硬件设备：Intel(R) Pentium(R) CPU N3530 @ 2.16 GHz。

软件环境：Python 2.7。

4.5.2 运行展示

运行数据爬虫程序，运行良好，数据完整入库。知乎爬虫运行图如图 4.12 所示。

```
2018-03-08 22:27:49 [scrapy.core.engine] DEBUG: Crawled (200) <GET http://blog.jobbole.com/111425/> (referer: http://blog.jol
2018-03-08 22:27:50 [urllib3.util.retry] DEBUG: Converted retries value: False -> Retry(total=False, connect=None, read=None
2018-03-08 22:27:50 [urllib3.connectionpool] DEBUG: http://localhost:9200 "GET /jobbole/_analyze?filter=%5B%27lowercase%27%5I
2018-03-08 22:27:50 [elasticsearch] INFO: GET http://localhost:9200/jobbole/_analyze?filter=%5B%27lowercase%27%5D&analyzer=iI
2018-03-08 22:27:50 [elasticsearch] DEBUG: > Redis 源码学习之事件驱动
2018-03-08 22:27:50 [elasticsearch] DEBUG: < {"tokens":[{"token":"redis","start_offset":0,"end_offset":5,"type":"ENGLISH","p
2018-03-08 22:27:50 [urllib3.util.retry] DEBUG: Converted retries value: False -> Retry(total=False, connect=None, read=None
2018-03-08 22:27:50 [urllib3.connectionpool] DEBUG: http://localhost:9200 "GET /jobbole/_analyze?filter=%5B%27lowercase%27%5I
2018-03-08 22:27:50 [elasticsearch] INFO: GET http://localhost:9200/jobbole/_analyze?filter=%5B%27lowercase%27%5D&analyzer=iI
2018-03-08 22:27:50 [elasticsearch] DEBUG: > IT技术,Redis,数据库
2018-03-08 22:27:50 [elasticsearch] DEBUG: < {"tokens":[{"token":"技术","start_offset":2,"end_offset":4,"type":"CN_WORD","pos
2018-03-08 22:27:50 [urllib3.util.retry] DEBUG: Converted retries value: False -> Retry(total=False, connect=None, read=None
2018-03-08 22:27:50 [urllib3.connectionpool] DEBUG: http://localhost:9200 "PUT /jobbole/article/0e15cd9faed6520743e695ffd3f0
2018-03-08 22:27:50 [elasticsearch] INFO: PUT http://localhost:9200/jobbole/article/0e15cd9faed6520743e695ffd3f07ef6 [status
2018-03-08 22:27:50 [elasticsearch] DEBUG: > {"url": "http://blog.jobbole.com/111425/", "content": "\r\n\r\n        \t\t\t\n'
2018-03-08 22:27:50 [elasticsearch] DEBUG: < {"_index":"jobbole","_type":"article","_id":"0e15cd9faed6520743e695ffd3f07ef6",'
```

图 4.12 知乎爬虫运行图

数据存入速度快，Elasticsearch 库中的数据内容如图 4.13 所示。

查询 21 个分片中用的 21 个. 412 命中. 耗时 0.025 秒

_index	_type	_id	_score ▲	buildNum	url	content
.kibana	config	5.1.1	1	14566		
jobbole	article	9a8e2349b707da31888be54ff0b61a76	1		http://blog.jobbole.com/112168/	本文作者：伯乐在线 - 伯小乐．
jobbole	article	ad463e1b89e0bdd81f5ccb1c3b2d763d	1		http://blog.jobbole.com/113636/	原文出处：KernelTalks　译文
jobbole	article	c3a165a85c1b1642729fbb63e5c98e50	1		http://blog.jobbole.com/113576/	本文由 伯乐在线 - 10111000
jobbole	article	25bcf9608cef972758d0389fcbab04e8	1		http://blog.jobbole.com/113674/	原文出处：开源中国编辑部　春
jobbole	article	fda34f2acb731c915e85fe9c4c5dfeaa	1		http://blog.jobbole.com/113215/	本文由 伯乐在线 - 听风 翻译，文
jobbole	article	7b88426617fb1d20ba1260658b57c9c2	1		http://blog.jobbole.com/113448/	原文出处：zasdfgbnm　博主
jobbole	article	5bb4f1cb2252b8e83b3d47a9a443b99d	1		http://blog.jobbole.com/113602/	本文由 伯乐在线 - nEoYe 翻译，
jobbole	article	6811109c460504a206757c8ec1f476ae	1		http://blog.jobbole.com/113417/	原文出处：xybaby　古人云，
jobbole	article	d6b7516ebc1871e25bb3dd9372674165	1		http://blog.jobbole.com/113684/	原文出处：Serdar Yegulalp
jobbole	article	f9947ec196965902f6858b2ff93b9565	1		http://blog.jobbole.com/113459/	原文出处：宅蓝三木　操作系统
jobbole	article	cdda3a99da973e9d84e59d245c3be916	1		http://blog.jobbole.com/113624/	原文出处：2DAYGEEK　译文出
jobbole	article	4f058a89ae4912bf130d1b37274a904d	1		http://blog.jobbole.com/113479/	原文出处：Himanshu Arora
jobbole	article	0208b3d12db7cfc54ed61c6f01dabacd	1		http://blog.jobbole.com/113525/	本文作者：伯乐在线 - 伯小乐．
jobbole	article	4eddc042e594aff52039afba849ca5d4	1		http://blog.jobbole.com/112836/	原文出处：Tecmint　译文出处
jobbole	article	7804089960a8b7ca460bb1b60e30fcd6	1		http://blog.jobbole.com/113538/	原文出处：Eric Raymond　译
jobbole	article	1259b4b6f3809a3874b9d4e08fad9ec7	1		http://blog.jobbole.com/112831/	本文由 伯乐在线 - 精算狗 翻译，
jobbole	article	7ab88d8fed16ea8ff8e37b454df03b54	1		http://blog.jobbole.com/112801/	本文由 伯乐在线 - 一杯哈希不加
jobbole	article	6174b7ef1e672aff2d6d304363f9c2da	1		http://blog.jobbole.com/112877/	原文出处：鸝鸰　前言 在之前的
jobbole	article	940417e0b05f333bfa421fd236cb7f77	1		http://blog.jobbole.com/113076/	原文出处：冰凌块儿　开篇 学习
jobbole	article	876ee85ca3eab93b154bc72080cb1d99	1		http://blog.jobbole.com/113205/	原文出处：Elliot Cooper　译文
jobbole	article	3df441752a08d89bbdb7dfb4db4c0e45	1		http://blog.jobbole.com/113203/	原文出处：Carla Schroder

图 4.13　数据写入 Elasticsearch

搜索网站首页截图见图 4.14。

图 4.14　搜索网站首页截图

在搜索网站搜索出结果，并以列表形式展示，如图 4.15 所示。

LCV Search　我们　搜索

文章　问答　职位

网站

伯乐在线 (None)

知乎 (9862)

拉勾网 (9862)

更多

找到约 53 条结果(用时0.182269秒)，共约6页

我们逃离北上广，美国人逃离硅谷 - 来源：伯乐在线　得分：1.8428819

标签：职场,,硅谷,程序员,职场

内容：。我在 a16z 度过了接下来两年的时间，在那里，我向各种的互联网先驱人物学习，像 Marc Andreessen、Ben Horowitz 和 Chris Dixon 等。我看到成千上万的公司向我们，还有很多其他的方式，因为毕竟技术是全球性的，工程、创新和创业精神都是全球性的。事实证明亦是如此。我们看到中国和印度等国家的科技已经实现跨越式发展，他们也走出了自己的道路，像中国的微信、印度的 Paytm 和肯尼亚的 mPesa。并且，现在得益于互联网的发展，全球各地之间的联系也更加容易，更加快捷。具体自己身处何地已经不再是一个限制条件，我们可以在南非编码，然后将产品运往硅谷。除此之外，区块链革命

网站：伯乐在线　发布时间：2017-12-19

图 4.15　展示搜索结果

本章通过使用Scrapy框架来搭建搜索引擎，完成对既定爬取目标的爬取，并先后将数据存入MySQL数据库和Elasticsearch库中，实现了一种易于拓展的主题型爬虫；用Elasticsearch服务器搭建搜索引擎，完成了字段索引；结合django框架搭建了搜索网站，获取用户输入的检索内容并进行查询，以列表形式展示结果。经过测试，数据爬虫程序和搜索网站都能得到很好运行。

今后还应在以下几个方面进行改进：①进一步增加数据爬虫的自动化程度，智能解决反爬虫限制。②将数据爬虫拓展到更多的网站上，增加数据的丰富性。③设计更加智能的搜索推荐算法，根据用户的兴趣推荐不同的搜索结果。

4.6 本章小结

随着互联网技术的不断发展，生活中无时无刻不都伴随着数据，网络数据复杂而混乱，用户很难查找到有价值的信息，如何检索出有用的数据变得更为重要，搜索引擎作为一种检索工具而出现，成为日常生活中的“百科全书”。在此背景下，通过Scrapy框架快速爬取网络信息并以此建立搜索引擎，使得人们能够更方便、高效地获取信息。

本章以Python为主体设计语言，数据爬虫系统采用Scrapy框架，搜索引擎搭建采用Elasticsearch服务器。伯乐在线是文章类型网站，知乎是问答类型网站，拉勾网是招聘类型网站，爬虫系统把以上三种类型的网站当作爬取对象。

首先，简明给出数据爬虫和搜索引擎的发展状况，介绍了两种技术的工作原理、核心概念和工作流程，为实现系统提供基础。

其次，通过使用Scrapy爬虫框架完成对爬取目标的爬取任务，并实现数据存储，Elasticsearch服务器作为搜索引擎存储的核心，是搜索网站的数据检索库。使用django框架搭建搜索网站，实现前台和后台的数据交互。

最后，对数据爬虫系统和搜索引擎系统进行调试运行并进行演示，发现不足并给出修改意见。

参 考 文 献

[1] 安子健. 基于 Scrapy 框架的网络爬虫实现与数据抓取分析. 吉林大学硕士学位论文, 2017: 5-18.

[2] 徐剑, 柯贵明. 网络爬虫技术在搜索引擎中的应用. 全国第 21 届计算机技术与应用（CACIS）学术会议论文集, 2010: 532-535.

[3] 李超. 基于 Web 的实例知识条目自动构建方法. 哈尔滨工业大学硕士学位论文, 2010: 3-10.

第 5 章

基于 Lévy flight 的搜索方法

20 世纪 30 年代，法国数学家 Lévy 提出了 Lévy 分布，Lévy 分布是以其名字命名的。Lévy 飞行（Lévy flight）是一种随机游走的模式，这种方式的连续跳跃步长与时间 t 的关系是服从 Lévy 分布的，在此之后，科研人员对 Lévy flight 进行了深入分析和研究，研究结果解释了自然界中诸如布朗运动、随机游走等随机现象。Lévy 过程是一个具有独立平稳增量的随机过程。它表示一个质点（粒子）的运动，运动的位移是随机的，并且连续时间段的移动位移增量是独立的，不同时间段的位移具有相同的概率分布。所以，Lévy 过程可以看作连续时间模拟的随机游走过程。Lévy flight 是一种步长服从 Lévy 分布的随机游走，这种方式的随机游走由两部分组成：一部分是移动方向；另一部分是跳跃步长。Lévy 分布可表示为：$L(s)\sim s^{-\lambda}$，$1<\lambda<3$，其中，s 表示移动步长，$L(s)$ 表示移动步长为 s 的概率。Lévy 分布的公式如下

$$L(s,r,u)=\begin{cases}\sqrt{\frac{r}{2\pi}}\exp\left[-\frac{r}{2[s-u]}\right]\frac{1}{(s-u)^{\frac{3}{2}}},0<u<s<\infty\\ 0,\text{其他}\end{cases} \tag{5.1}$$

其中，u 表示最小移动步长，r 是一个数量级参数，当 $s\to\infty$ 时，有

$$L(s,r,u)\approx\sqrt{\frac{r}{2\pi}}\frac{1}{s^{\frac{3}{2}}} \tag{5.2}$$

通常情况下，

$$L(s)\approx\frac{1}{\pi}\int_0^\infty\cos(ks)\exp\left[-\alpha|k|^\beta\right]dk \tag{5.3}$$

当 $s \to \infty$ 时，可以近似为

$$L(s) \to \frac{\alpha\beta\Gamma(\beta)\sin\left(\frac{\pi\beta}{2}\right)}{\pi|s|^{1+\beta}} \tag{5.4}$$

其中，$\Gamma(\beta)$ 是 Γ 函数，

$$\Gamma(\beta) = \int_0^\infty t^{\beta-1}e^{-t}dt \tag{5.5}$$

当 $\beta = n$，即 β 为整数时，有

$$\Gamma(n) = (n-1)! \tag{5.6}$$

特别地，当 $\beta = 2$ 时，满足柯西分布，Lévy 分布和柯西分布都属于稳定分布。

随机游走是一个联合概率问题，即 N 步随机游走的概率分布是 N 次单步游走概率的卷积。通常要考虑的问题是，能否找到一种概率分布，使 N 步联合概率与单步概率分布一致，也就是说，需要寻找一个解，可以使随机游走的图样出现分形特征——整体与局部相似。Gauss 分布是一个最简单的解，因为 N 个 Gauss 分布的随机变量的联合概率依然是 Gauss 型的。但是问题在于，N 步联合 Gauss 分布的方差［即二阶矩（second moment）］与 N 成正比，即系统存在一个特征尺度，它的平方随时间变化呈线性增加。这也正是 Einstein 对布朗运动现象本质的解释——扩散（通常称之为正常扩散）。如果能找到一个不存在特征尺度的解（二阶矩是发散的），那么它将给出一个标准的分形图样，在物理上，它对应于比布朗运动更快的扩散——反常扩散。该扩散过程的解是存在的，它就是 Lévy 分布，这种分布是一种幂律衰减的重尾（heavy-tailed）分布，其对应的随机游走模型被称为 Lévy flight。

在随机游走理论的搜索问题中，Lévy flight 和其他随机游走方法，如相关随机游走（correlative random walk，CRW）、连续时间随机游走（continous time random walk，CTRW）等都是被广泛关注的几种基于随机游走模型的有效搜索策略。Lévy flight 用于描述不规则的粒子扩散不遵从布朗运动，是一种优化的搜索策略。Lévy flight 看上去似乎杂乱无章，但事实上并非如此。

许多研究表明，人类的行程、动物的活动以及觅食行为中广泛存在着 Lévy flight 特性，这一飞行的行为模式主要是为了缩短移动距离和节约活动成本，能够有效地提高活动效率。研究表明，在食物分布比较稀疏的区域，Lévy flight

被认为是最有效的觅食和搜索模式。在自然界演化过程中，生物体获得了这种最优的搜索策略——Lévy flight。

5.1 幂律机制

随着大数据时代的到来，现实生活中的很多数据不再像人的身高、学生的考试成绩等符合正态分布，而是像国家的国内生产总值(gross domestic product，GDP)和个人的收入分布，变化的尺度很大，最高收入和最低收入往往不在一个数量级上。通常人们理解的幂律分布就是所谓的马太效应、二八原则，也就是说，少数人聚集了大量的财富，而大多数人的财富的数量往往都很少。国家或城市人口的分布也会出现类似的情形。我国是世界上人口最多的国家，有14亿之多，而西太平洋上的帕劳群岛上的人口数仅为2万人左右，还不及中国的一个小县城的人口多。就世界人口而言，大多数个体的幂律尺度很小，而少数个体的幂律尺度非常大，全世界有200多个国家和地区，但是只有十几个国家的人口总数超过1亿人[1]。由此可以看出，大部分个体的幂律值较小，而少数个体的幂律值却非常大，这种现象被称为重尾效应，幂律分布就是重尾效应中的一种重要形式。由于幂律分布呈现出重尾效应，这种效应也被认为幂律分布不断延伸没有尽头，所以也称为无标度。这也是无标度现象的鲜活例子，在自然界和社会生活中，凡是有生命和进化的地方，往往会出现不同程度的无标度现象。

幂律分布存在于众多领域，尤其是各种结构与功能复杂的网络中。幂律分布的表现形式多种多样。在人们的日常生活中，如地震规模大小的分布（古滕贝格-里希特定律)、论文被引用次数的分布、人类语言中单词频率的分布、科学家撰写的论文数量的分布，以及月球表面月坑直径的分布和太阳耀斑强度的分布等都是典型的幂律分布。近年来，科研人员在对复杂网络进行研究的过程中发现，千变万化、相差迥异的网络也存在着众多的幂律分布现象，复杂网络中节点的度为λ，概率为$P(\lambda)$，二者满足幂律关系，并且幂指数分布在[2,3][2]。这种无标度网络现象非常普遍，研究表明，像食物链网络、电影演员合作网络、电力网络、交通网络等复杂网络都具有无标度特性。

随机网络中的增长性和择优连接性是其节点度服从幂律分布的重要原因，复杂网络的幂律分布特性由增长和择优连接机制产生。

1）增长性：网络开始于 m_0 个孤立的节点，然后不断添加新的节点，最终实现网络增长。

2）择优连接性：网络呈现出择优连接迹象，连接到某个节点的可能性与该节点的度有关。新节点与原来的节点相连接的概率与节点的度成正比。择优连接的这一特性体现了网络中的“富者愈富”现象。

本章模拟了由不同节点数构成的网络，图 5.1 的横、纵坐标是双对数形式，其中初始节点数 $m_0 = 3$，连接节点的边数 $m = 3$，从图 5.1 中可以看出，网络的度分布是服从幂律分布的，是一个无标度网络。

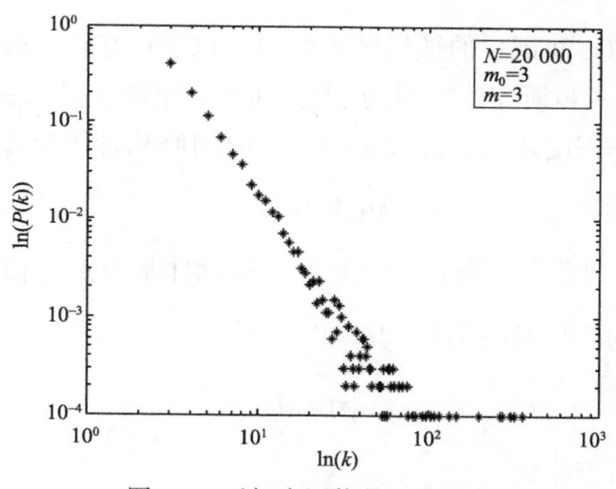

图 5.1　无标度网络的幂律现象

幂律分布是一种统计现象，对网络数据做相应处理后，可以看出满足幂律分布的数据表现为一条以斜率为幂指数的直线。如果某个随机变量的概率密度函数为

$$P(k) = ck^{-r}\ (c,k \text{ 为常数}) \tag{5.7}$$

则称该随机变量服从幂律分布。幂律特性的度分布对无标度网络的动力学性质有很大的影响，并且在很大程度上改变着人们对世界的看法。

复杂网络之所以复杂，与其节点数目庞大有很大的关系。例如，互联网中的每个网页都可以看作一个节点，那么整个网络的节点就是数以亿计的。不仅如此，各个网页上的数据也是随时产生、实时变化的。面对如此规模庞大和复杂的网络，要想搜索到用户想要的有用信息是一件比较困难的事情。考虑到这种实际情况，我们可基于随机游走思想对复杂网络的搜索问题进行研究。

5.2 空间和时间耦合的随机搜索

Lévy walk（Lévy 游走）是由

$$\psi(x,t) \propto \frac{1}{2}\delta\left(|x| - vt\right)\psi(t) \tag{5.8}$$

表征的一个空间和时间耦合的随机游走模型，粒子在它轨迹的各转点之间均以速度 v 游走，跳跃一步所需要的时间 t 是随机的，跳跃步长取决于速度 v。$\psi(t)$ 是等待时间的概率密度函数，假设 $\psi(t)$ 等待时间服从幂律分布

$$\psi(t) \propto t^{-1-\alpha} \tag{5.9}$$

其中 $0 < \alpha < 2$。该过程的实际运动机理是：运动体从原点（初始位置）出发，每跳跃一步花费的等待时间为 t，其跳跃长度

$$|x| = vt \tag{5.10}$$

跳跃的方向是随机产生的。

$\delta(x)$ 为广义函数，定义如下

$$\delta(x) = \begin{cases} \infty, x = 0 \\ 0, x \neq 0 \end{cases}; \int_{-\infty}^{\infty} \delta(x)dx = 1 \tag{5.11}$$

生存概率

$$\psi(t) = \int_t^{\infty} \psi(t')dt' = 1 - \int_0^t \psi(t')dt' \tag{5.12}$$

它的 Laplace 变换为

$$\psi(s) = \frac{1}{s} - \frac{\psi(s)}{s} = \frac{1 - \psi(s)}{s} \tag{5.13}$$

当$0<\alpha<1$时，则有

$$\psi(t)=\int_t^{\infty} t'^{-1-\alpha}dt'=\frac{t^{-\alpha}}{\alpha} \tag{5.14}$$

根据 Tauberian 定理[3]，式（5.14）的 Laplace 变换为

$$\psi(s)\cong\frac{\Gamma(1-\alpha)s^{\alpha-1}}{\alpha} \tag{5.15}$$

由式（5.13）可以得到

$$\psi(s)=1-\frac{\Gamma(1-\alpha)}{\alpha}s^{\alpha}=1-\beta s^{\alpha} \tag{5.16}$$

其中β为常数，$\psi(x,t)$的 Fourier-Laplace 变换如下

$$\begin{aligned}\psi(k,s)&=\frac{1}{2}\int\int e^{iky-st}\left[\delta(-y-vt)+\delta(y-vt)\right]\psi(t)dydt\\&=\frac{1}{2}\left[\int e^{-(s+ivk)t}\psi(t)dt+\int e^{-(s-ivk)t}\psi(t)dt\right]\\&=\frac{1}{2}\left[\tilde{\psi}(s+ivk)+\tilde{\psi}(s-ivk)\right]\\&\equiv\mathrm{Re}\tilde{\psi}(s+ivk)\end{aligned} \tag{5.17}$$

然后把$\psi(s)=1-\beta s^{\alpha}$代入式（5.17），可得

$$\begin{aligned}\psi(k,s)&\cong1-\frac{1}{2}\left[\beta(s+ick)^{\alpha}+\beta(s-ick)^{\alpha}\right]\\&=1-\beta s^{\alpha}-\frac{\beta c^2}{2}\alpha(1-\alpha)k^2s^{\alpha-2}\end{aligned} \tag{5.18}$$

根据 Klafter 和 Sokolov[4]的研究，其中

$$P(k,s)=\frac{1-\psi(s)}{s}\frac{1}{1-\psi(k,s)} \tag{5.19}$$

将式（5.18）代入式（5.19），得

$$\begin{aligned}P(k,s)&=\frac{\alpha s^{\beta}}{s}\times\frac{1}{\alpha s^{\beta}+\dfrac{\alpha}{2}c^2\beta(1-\beta)k^2s^{\beta-2}}\\&=\frac{s}{s^2+\dfrac{c^2}{2}\beta(1-\beta)k^2}\end{aligned} \tag{5.20}$$

式（5.20）的逆 Fourier 变换为

$$
\begin{aligned}
P(x,s) &= \frac{1}{2\pi}\int_{-\infty}^{\infty} e^{-ikx} \frac{s}{s^2+\frac{c^2}{2}\beta(1-\beta)k^2} dk \\
&= \frac{1}{c\sqrt{2\beta(1-\beta)}} e^{-\frac{s}{c}\frac{\sqrt{2}}{\sqrt{\beta(1-\beta)}}|x|}
\end{aligned} \tag{5.21}
$$

对式（5.21）进行逆 Laplace 变换

$$
P(x,t) = \frac{1}{c\sqrt{2\beta(1-\beta)}}\delta\left(t-\frac{\sqrt{2}|x|}{c\sqrt{\beta(1-\beta)}}\right) \tag{5.22}
$$

接下来讨论$1<\alpha<2$的情况，此时等待时间的概率密度$\psi(t)$的一阶矩为

$$
\tau_1 = \langle t\rangle = \int_0^{\infty} t\psi(t)dt \tag{5.23}
$$

且

$$
\psi(s) \cong 1-\tau_1 s - d_1 s^{\alpha} \tag{5.24}
$$

其中，d_1是常数，可求得

$$
\begin{aligned}
\psi(k,s) &\cong 1-\tau_1 s - \frac{1}{2}\left[d_1(s+ivk)^{\alpha} + d_1(s-ivk)^{\alpha}\right] \\
&= 1-\tau_1 s - d_1 s^{\alpha} - \frac{d_1 v^2}{2}\alpha(\alpha-1)k^2 s^{\alpha-2}
\end{aligned} \tag{5.25}
$$

当s足够小时，相对于第二项$\tau_1 s$，$d_1 s^{\alpha}$可以忽略，可得

$$
\begin{aligned}
\psi(k,s) &\cong \tau_1 + \frac{1}{2}\left[d_1(s+ivk)^{\alpha-1} + d_1(s-ivk)^{\alpha-1}\right] \\
&= \tau_1 + d_1 s^{\alpha-1} + \frac{d_1 v^2}{2}(2-\alpha)(\alpha-1)k^2 s^{\alpha-3}
\end{aligned} \tag{5.26}
$$

与第三项相比，第二项$d_1 s^{\alpha-1}$可以忽略

$$
\psi(k,s) = \tau_1 + \frac{d_1 v^2}{2}(2-\alpha)(\alpha-1)k^2 s^{\alpha-3} \tag{5.27}
$$

当$k\to 0$，有

$$
\begin{aligned}
P(k,s) &= \frac{\psi(k,s)}{1-\psi(k,s)} \\
&= \frac{1}{s} \times \frac{\tau_1 s^{3-\alpha} + \frac{d_1 v^2}{2}(2-\alpha)(\alpha-1)k^2}{\tau_1 s^{3-\alpha} + \frac{d_1 v^2}{2}\alpha(\alpha-1)k^2} \\
&= \frac{\tau_1 s^{2-\alpha}}{\tau_1 s^{3-\alpha} + \frac{d_1 v^2}{2}\alpha(\alpha-1)k^2}
\end{aligned} \tag{5.28}
$$

对式（5.17）进行逆 Fourier 变换

$$
P(x,s) = \frac{s^{\frac{1-\alpha}{2}}}{2}\sqrt{\frac{2\tau_1}{d_1 v^2 \alpha(\alpha-1)}}\, e^{-\sqrt{\frac{2\tau_1 s^{3-\alpha}}{d_1 v^2 \alpha(\alpha-1)}}|x|} \tag{5.29}
$$

由 Tauberian 定理 $\rho = \frac{\alpha-1}{2}$，$0 < \rho < \frac{1}{2}$，并对式（5.18）进行逆 Laplace 变换，得

$$
\begin{aligned}
P(x,t) &= \frac{t^{\frac{\alpha-3}{2}}}{2\Gamma\left(\frac{\alpha-1}{2}\right)}\sqrt{\frac{2\tau_1}{d_1 v^2 \alpha(\alpha-1)}}\, e^{-\sqrt{\frac{2\tau_1}{d_1 v^2 \alpha(\alpha-1)}}\, t^{\frac{\alpha-3}{2}}|x|} \\
&= \frac{t^{\frac{\alpha-3}{2}}}{2\Gamma\left(\frac{\alpha-1}{2}\right)} m e^{-mt^{\frac{\alpha-3}{2}}|x|} \quad (1 < \alpha < 2)
\end{aligned} \tag{5.30}
$$

其中

$$
m = \sqrt{\frac{2\tau_1}{d_1 v^2 \alpha(\alpha-1)}} \tag{5.31}
$$

5.2.1 Lévy walk 数值模拟

用随机模拟方法处理现实生活中的实际问题时，首先，要研究高效、可行的随机数产生方法，也被称为随机变量的抽样方法。一些程序设计语言都有自带的生成随机数的方法，但是用 C 语言中的 random( )函数生成的随机数的性质比较差。Matlab 中的 rand( )函数经过了很多优化，可以产生性质较好的随机数，因此使用起来较为方便。本书使用蒙特卡罗（Monte Carlo）方法中的逆变换法（inverse transform technique）进行数值实验。

在进行数值模拟时，需要产生满足各种概率分布的随机数。通常情况下，概率分布的随机数的产生是基于均匀分布 $U(0,1)$ 的随机数。

定理 5.1：设 $F(x)$ 是连续且严格单调上升的分布函数，它的反函数存在，且记为 $F^{-1}(x)$。若随机变量 ξ 的分布函数为 $F(x)$，则 $F(\xi)\sim U(0,1)$；若随机变量 $R\sim U(0,1)$，则 $F^{-1}(R)$ 的分布函数为 $F(x)$。

该定理说明了任意分布的随机数都可以由满足均匀分布 $U(0,1)$ 的随机数序列变换得到，则称满足 $U(0,1)$ 的随机数为均匀分布随机数。

逆变换法又称反变换法（也称直接抽样法），是系统进行模拟仿真时获得均匀随机变量的一种方法。逆变换法是获得连续随机变量的普遍适用方法，它以概率积分变换定理为基础，其关键是计算出满足相应分布函数的反函数的显式表达式。

设随机变量 X 的分布函数为 $F(x)$，定义 $F^{-1}(y)=\inf\{x:F(x)\geqslant y\},0\leqslant y\leqslant 1$。

定理 5.2：设随机变量 U 服从（0,1）的均匀分布，则 $X=F^{-1}(U)$ 的分布函数为 $F(x)$。

根据上述理论，生成 Lévy walk 轨迹的步骤如下。

1）生成 $X\sim U(0,1)$ 的均匀分布；

2）得到有关时间 t 的函数，$\psi(t)\propto t^{-1-\alpha}$；

3）模拟轨迹（a,b），其中 $\begin{cases}a=vt\cos\theta\\ b=vt\sin\theta\end{cases}$。

根据 Lévy walk 等待时间服从幂律的分布函数

$$\psi(t)\propto t^{-1-\alpha} \tag{5.32}$$

首先进行归一化

$$C\int_{\varepsilon}^{\infty} t^{-1-\alpha}dt=1 \tag{5.33}$$

得到

$$C=\alpha\varepsilon^{\alpha} \tag{5.34}$$

接下来，利用反函数法求 t，令

$$F(t)=\int_{\varepsilon}^{t}\alpha\varepsilon^{\alpha}t^{-1-\alpha}dt=x \tag{5.35}$$

则

$$t^{-1} = F(x) \tag{5.36}$$

求得

$$t^{-\alpha} = \frac{x-1}{-\varepsilon^{\alpha}} \tag{5.37}$$

两边取对数

$$\ln t^{-\alpha} = \ln^{x-1} + \ln \varepsilon^{\alpha} \tag{5.38}$$

可以求得

$$t = e^{-\frac{1}{\alpha}}(\ln x - 1 + \ln \varepsilon^{\alpha}) \tag{5.39}$$

图 5.2—图 5.7 描述的是移动步数 N=1000，速度 v=1 时，α 取不同值时 Lévy walk 的游走轨迹图。

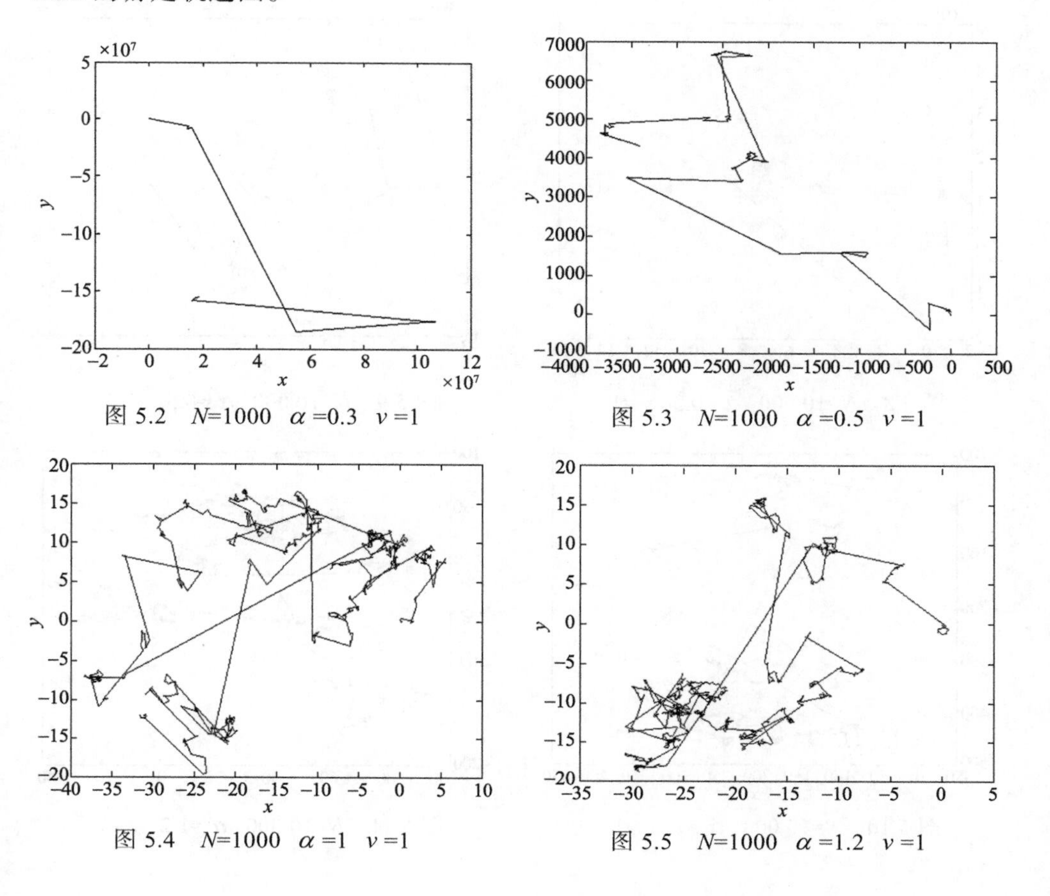

图 5.2　N=1000　α =0.3　v =1

图 5.3　N=1000　α =0.5　v =1

图 5.4　N=1000　α =1　v =1

图 5.5　N=1000　α =1.2　v =1

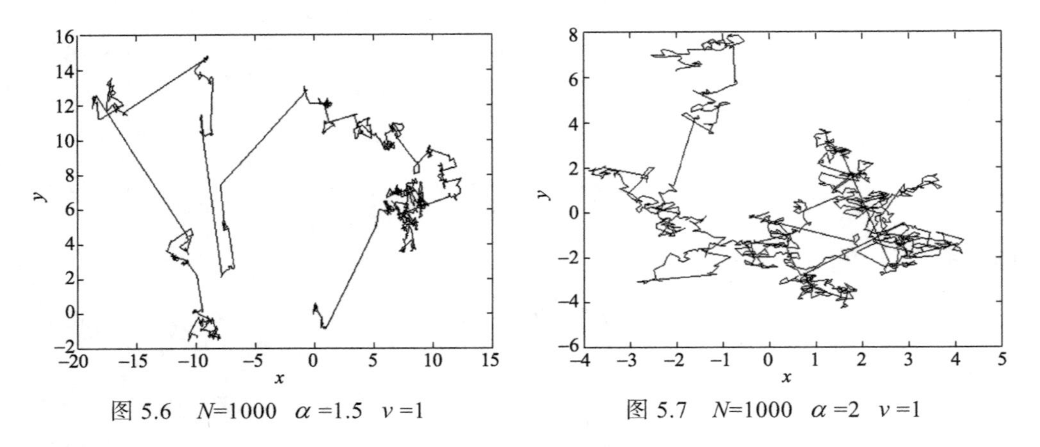

图 5.6　N=1000　α =1.5　v =1

图 5.7　N=1000　α =2　v =1

图 5.8—图 5.13 描述的是移动步数 N=10 000，速度 v=1 和 v=2 时，α 取不同值时 Lévy walk 的游走轨迹图。

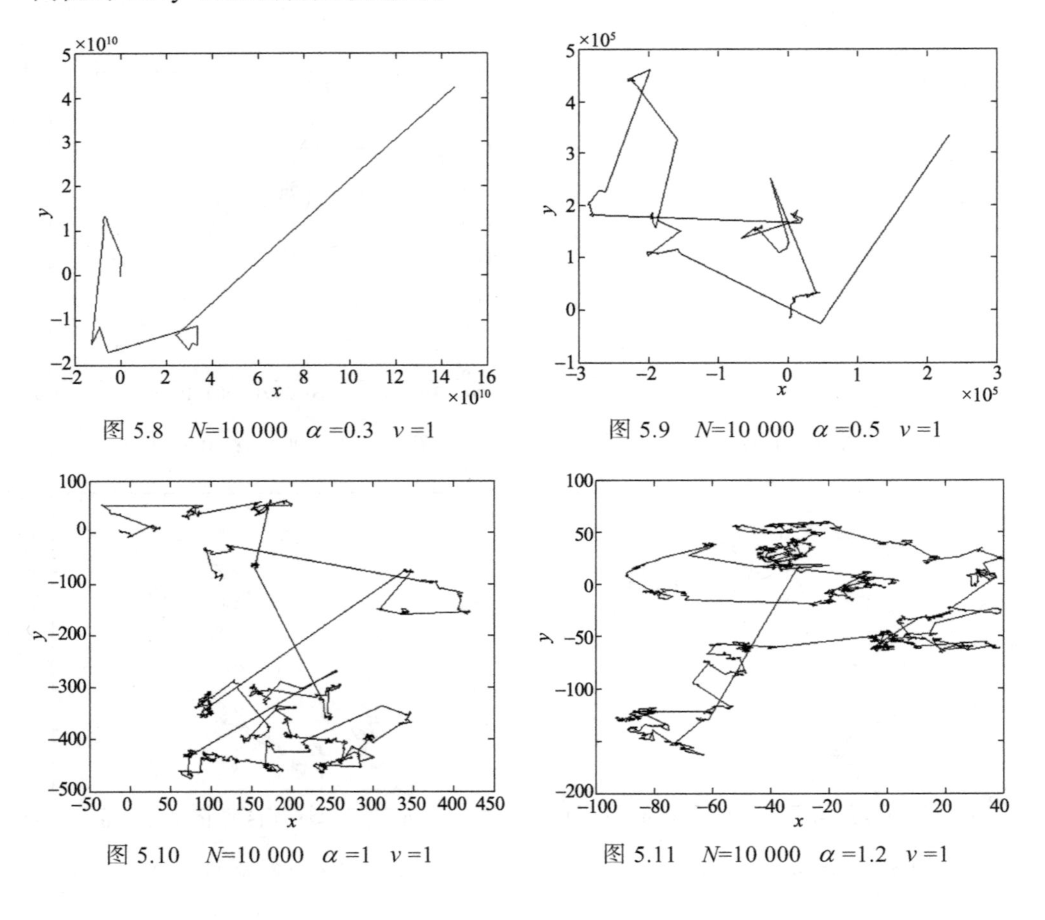

图 5.8　N=10 000　α =0.3　v =1

图 5.9　N=10 000　α =0.5　v =1

图 5.10　N=10 000　α =1　v =1

图 5.11　N=10 000　α =1.2　v =1

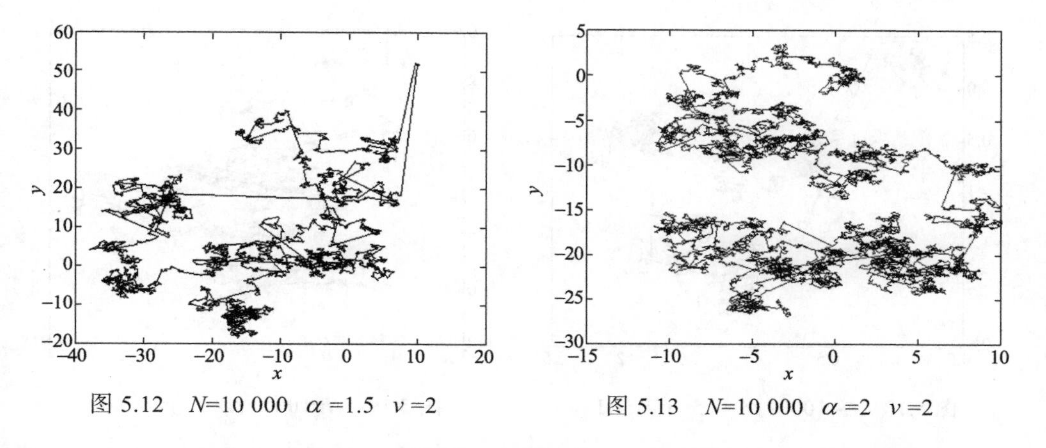

图 5.12　N=10 000　α =1.5　v =2

图 5.13　N=10 000　α =2　v =2

图 5.14—图 5.19 描述的是移动步数 N=1000，速度 v 是随机数（rand）时，α 取不同值时 Lévy walk 的游走轨迹图。

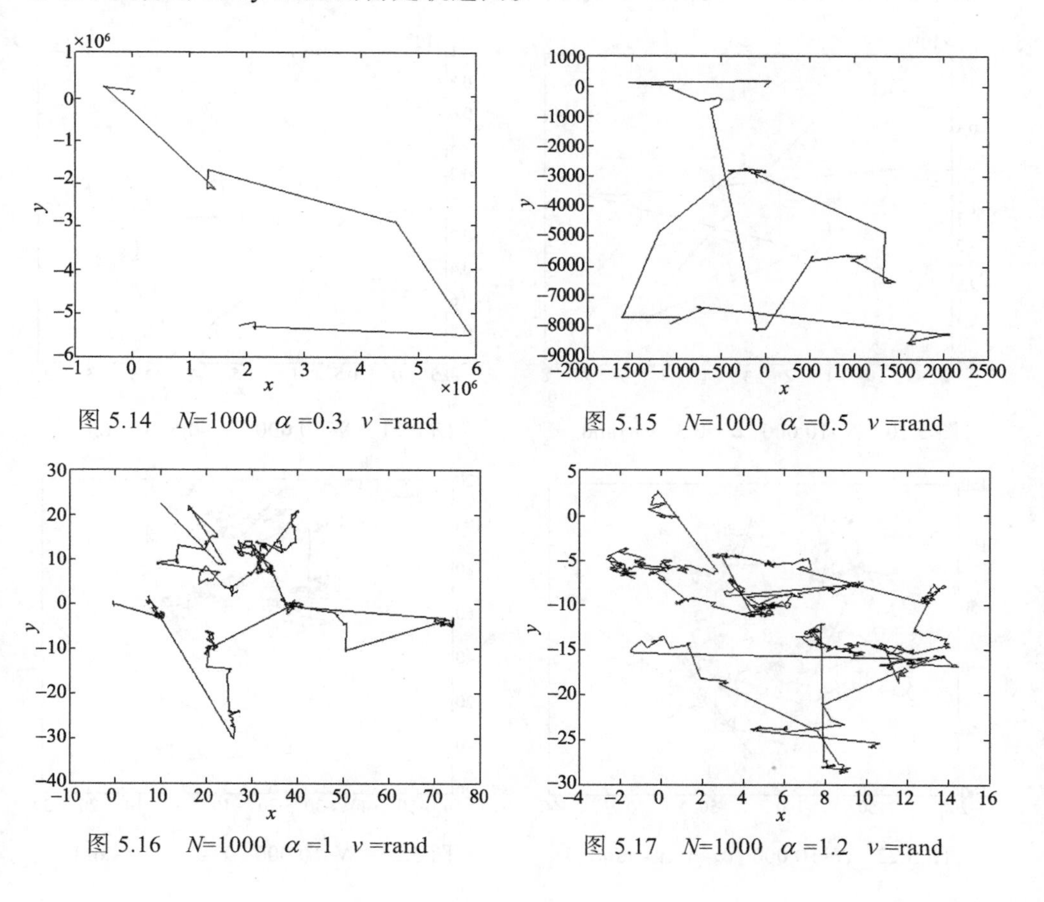

图 5.14　N=1000　α =0.3　v =rand

图 5.15　N=1000　α =0.5　v =rand

图 5.16　N=1000　α =1　v =rand

图 5.17　N=1000　α =1.2　v =rand

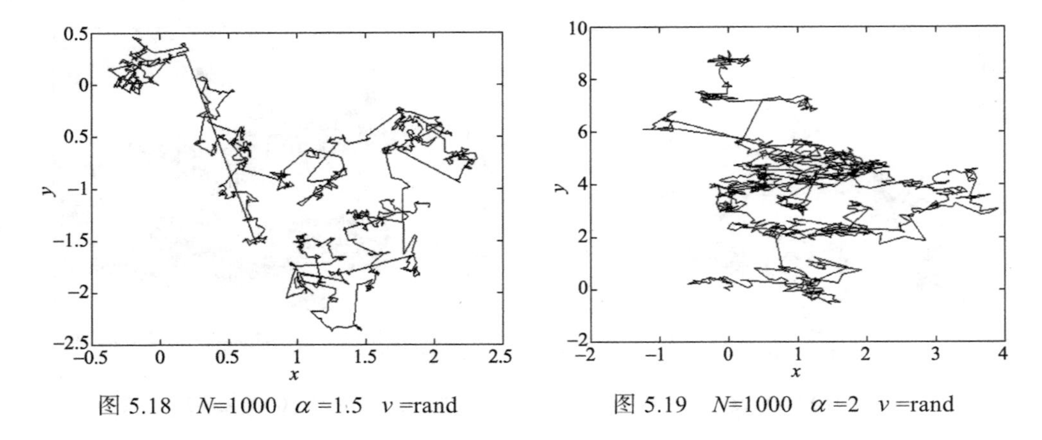

图 5.18　N=1000　α =1.5　v =rand

图 5.19　N=1000　α =2　v =rand

图 5.20—图 5.25 描述的是移动步数 N=10 000，速度 v 是随机数（rand）时，α 取不同值时 Lévy walk 的游走轨迹图。

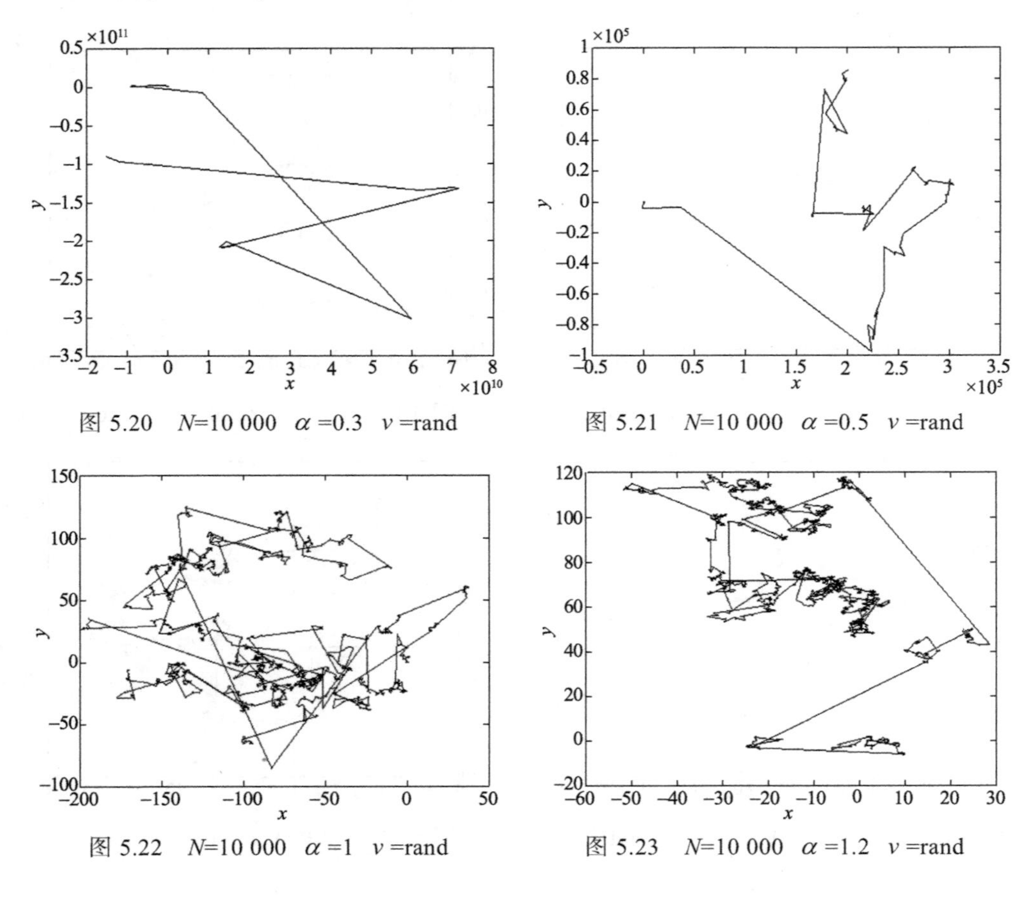

图 5.20　N=10 000　α =0.3　v =rand

图 5.21　N=10 000　α =0.5　v =rand

图 5.22　N=10 000　α =1　v =rand

图 5.23　N=10 000　α =1.2　v =rand

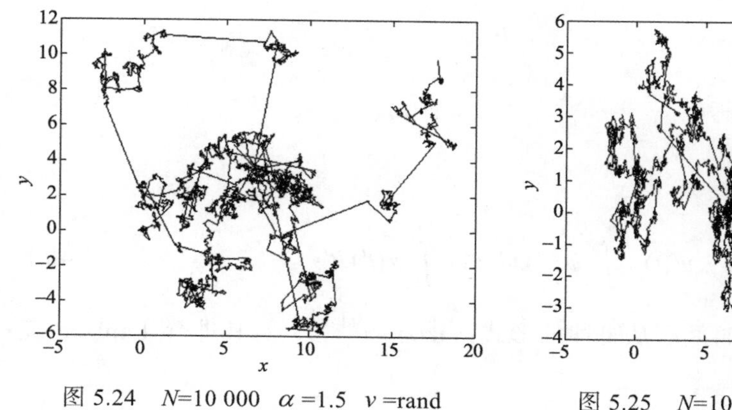

图 5.24　N=10 000　α =1.5　v =rand

图 5.25　N=10 000　α =2　v =rand

图 5.2—图 5.25 是 Lévy walk 的游走轨迹图，其中，参数 v 表示粒子飞行速度，N 是移动步数，$\psi(t)=t^{-1-\alpha}$ 中 α 的取值范围是 $(0,2]$。在这里，α 的取值分别为 0.3、0.5、1、1.2、1.5、2。图 5.2—图 5.13 的轨迹是我们给定速度 v 为常数 1 或 2 时的运动轨迹，图 5.14—图 5.25 中的速度 v=rand，表示粒子运行速度也是随机数。在 Lévy walk 中，随机游走的时间依赖于到达目的地的距离。

通过图 5.2—图 5.25 可以看出，Lévy walk 有许多短距离的跳跃步长，而长距离的跳跃步长很少，这与布朗运动是截然不同的。通常情况下，Lévy 随机游走是找到随机目标的最佳途径，并且当 α =0.3 和 α =0.5 时，粒子的运动轨迹是稀疏且不均匀的，轨迹覆盖面比较小。在 $\alpha \geqslant 1$ 的情形下，当 α =1.2 和 α =1.5 时，粒子的运动轨迹是稠密且均匀的，轨迹覆盖面比较大。其中，α =2 是边界条件。通过调整参数 α，还可以分别得到粒子的运动轨迹是稀疏且均匀的等其他情形，能够在同样步数的情况下得到更好的遍历性结果。

Lévy flight 是不均匀的随机游走机制，能够扩大粒子的搜索范围，增加种群多样性，从而具有良好的随机性和更容易跳出局部最优的性质。

5.2.2　Lévy walk 的老化效应

Lévy walk 随机游走中有大步长的跳跃，因此，均方位移与时间 t 不再像一般的随机游走那样具有简单的线性关系。通常情况下，假设随机游走的初始时刻 $t=0$，观测者也是从 $t=0$ 时刻进行观测的。但是，在老化情形下，由于种种原因，观测者不再从 $t=0$ 时刻进行观测，而是选择某一时刻 $t=t_a>0$ 进行观测，

t_a 是老化时间。

5.2.2.1 矩分析

粒子的生存概率为

$$\psi(t) = \int_t^{\infty} \psi(t')dt' = 1 - \int_0^t \psi(t')dt' \tag{5.40}$$

接下来讨论等待时间服从幂律的形式：$\psi(t) \sim t^{-1-\alpha}$，对其进行 Laplace 变换后得

$$\psi(s) \cong 1 - \beta s^{\alpha} \tag{5.41}$$

$n(t)$ 是粒子在 $[0,t]$ 时间段粒子跳跃的数目，$n(s)$ 是对 $n(t)$ 的变换

$$< n(s) >= \frac{\psi(s)}{s[1-\psi(s)]} = \frac{1}{s} \times \frac{1-\beta s^{\alpha}}{\beta s^{\alpha}} \tag{5.42}$$

根据 Tauberian 定理，$\rho = 1$

$$L\left(\frac{1}{s}\right) = \frac{1-\beta s^{\alpha}}{\beta s^{\alpha}} \tag{5.43}$$

可以求得平均跳跃步数

$$< n(t) >= \frac{1}{\Gamma(1)} t^{\rho-1} L(t) = \frac{1-\beta t^{-\alpha}}{\beta s^{\alpha}} \tag{5.44}$$

经过 Δt 时间后，均方位移

$$< x^2(\Delta t) >=< \left(x(t_a + \Delta t) - x(t_a)^2 \right) > \tag{5.45}$$

进一步得

$$< x^2(\Delta t) >=< l^2 > [n(t_a + \Delta t) - n(t_a)] \tag{5.46}$$

由式（5.46），可得

$$< x^2(\Delta t) >=< l^2 > [n(t_a + \Delta t) - n(t_a)] =< l^2 > \frac{1}{\beta}\left[(t_a + \Delta t)^{\alpha} - t_a{}^{\alpha}\right] \tag{5.47}$$

其中 $< l^2 >= \int_{-\infty}^{\infty} x^2 p(x)dx$。因此，可以得到以下结论：对于 $\Delta t >> t_a$ 的情形，有

$<x^2(\Delta t)>\propto \Delta t^{\alpha}$ 。也就是说，如果观测时间远远长于老化时间，则不会发生老化现象，老化效应就会消失。但是，当 $\Delta t << t_a$ 时，由泰勒展开式可以得到，$<x^2(\Delta t)>\propto t_a^{\alpha-1}\Delta t$，也就是说，当观测时间远远小于老化时间时，可以观测到系统呈反常行为，扩散系数与 $t_a^{\alpha-1}$ 成正比。

5.2.2.2 向前等待时间概率密度函数

粒子从初始时刻开始，观测以后发生第一次跳跃所等待的时间 t_1 是向前等待时间或者第一次等待时间，向前等待时间的概率密度函数记为 $\psi_1(t,t_a)$，它与老化时间 t_1 有关，当老化时间 $t_a=0$ 时，有

$$\psi_1(t,t_a)=\psi(t) \tag{5.48}$$

其中

$$\psi(t)=t^{-1-\alpha} \tag{5.49}$$

在老化时间 t_a 之前发生了 n 步跳跃的向前等待时间条件的概率密度可以表示为

$$\phi_n(t)=\int_0^{t_a}\psi_n(t')\psi(t_a-t'+t)dt' \tag{5.50}$$

其中，$\psi_n(t)$ 是在时间 t 内发生了 n 步跳跃的概率密度函数，

$$t=t_1+t_2+\cdots+t_n \tag{5.51}$$

t_i 是粒子跳跃第 i 步等待时间。向前等待时间的概率密度函数 $\psi_1(t,t_a)$ 可表示如下

$$\psi_1(t,t_a)=\sum_{n=0}^{\infty}\phi_n(t')=\int_0^{t_a}\left(\sum_{n=0}^{\infty}\psi_n(t')\right)\psi(t_a-t'+t)dt \tag{5.52}$$

其中，求和项

$$\sum_{n=0}^{\infty}\psi_n(t')=k(t') \tag{5.53}$$

表示跳转概率，跳转概率在以往文献[5]中有过定义，进一步可求得向前等待时间的概率密度函数为

$$\psi_1(t,t_a)=\int_0^{t_a}k(t')\psi(t_a-t'+t)dt' \tag{5.54}$$

5.3 布谷鸟搜索算法

2009 年，英国学者 Xin-SheYang 和 Suash Deb 提出了一种新型的群体智能优化算法——布谷鸟搜索（cuckoo search，CS）算法[6-10]，该算法依据大自然界中布谷鸟寻巢产蛋的繁殖习性，利用 Lévy flight 取代了简单的各向同性随机搜索路径。该算法通过鸟类和果蝇等的信息交流方式与 Lévy flight 模式进行搜索。实验结果表明，布谷鸟搜索算法的搜索性能强大，搜索效果优于许多智能优化算法。不仅如此，布谷鸟搜索算法使用的参数较少，概念结构简单，计算的速度较快，能够进行全局搜索，具有寻优能力较强、多目标问题求解能力较强等优点，已经被广泛应用于工程优化、最短路径和最优策略的选定等实际问题解决中，在众多领域均取得了较好的成果，也是目前研究智能算法的一种新视角。

自然界中的布谷鸟既具备美妙且吸引人的声音，又有着很好的繁殖后代的能力。根据动物学研究的相关结论，布谷鸟搜索实际上属于巢寄生所产生的一种随机搜索方式。有些布谷鸟性情比较孤僻，在繁殖期的时候，它们通常不筑巢、不孵蛋、不育雏，而是采用巢寄生的方式繁殖后代。这一套独特的繁殖后代的策略是：①它们一般都不亲自孵蛋，而是通过在其他鸟类的巢穴中产蛋，从而借助其他鸟类代其孵蛋；②在宿主开始孵蛋之前，布谷鸟趁宿主离巢外出觅食时快速产蛋；③布谷鸟通过将鸟蛋产在别的鸟（宿主鸟）的鸟巢里来孵化繁殖后代。当然，有时候其他鸟类也会发现自己的巢穴中出现了不属于自己的蛋，一旦宿主发现鸟巢的蛋被偷换，这时它们会有两种选择：一种是将不属于自己的蛋丢弃；另一种是索性丢弃整个巢穴，在别的地方新建一个鸟巢来繁殖后代。布谷鸟通过这样不断地寻巢产蛋，最终使得鸟巢位置不断优化。例如，布谷鸟在繁殖期常常把产的蛋放在黄莺、云雀等的巢里，让这些鸟帮它孵化，而且布谷鸟每次在每个窝里只产一个蛋。Ani 和 Guira 等种类的布谷鸟就是把其他鸟产的蛋抛出鸟巢，并把自己产的蛋置于公共鸟巢中，以此来提高孵化率。不仅如此，像 Tapera 这种布谷鸟，其雌性鸟通常善于模仿几种特定寄主的卵的颜色和纹理，从而获取主人的喜爱，这样布谷鸟的蛋被抛弃的可能性就大大降低了，因此也就提高了它们的孵化率。更令人惊讶的是，有些布谷鸟的幼雏还通过模仿宿主鸟幼雏的叫声来获得更多、更好的喂养机会，以对抗宿主不断进化的分辨能力[11]，可谓聪明至极！

布谷鸟搜索算法使用的是具有 Lévy flight 并且随机性较强的搜索方式。这里的 Lévy flight 是移动距离（步长）服从 Lévy 分布的随机游走，其中随机游走的方向服从均匀分布。除了布谷鸟的寻巢产蛋行为外，人类的狩猎方式也是 Lévy flight。一些物理现象也表现出了 Lévy flight 的特性，如荧光微粒的扩散、噪声的扩散等。

布谷鸟搜索算法具有较好的鲁棒性，其对参数变化不敏感，对很多特定的搜索问题不需要太多的参数[12-13]。布谷鸟搜索算法也是最新的元启发式算法之一，该算法在实际应用中也可以有效地解决一些较难的优化问题，在函数优化、资源调度、路径寻优、工程应用领域均取得了很好的效果[14-16]。

5.3.1　布谷鸟搜索算法的模型

大自然中有许多动物的飞行轨迹都是满足 Lévy flight 模式的，它也是随机游走的一种，这种方式的游走是短距离的飞行跳跃和长距离的搜索间或发生，并且每次飞行的步长和上一次的飞行相差一个小的角度，短步长的移动频率比较高，长距离的飞行比较稀少。从表面上看，Lévy flight 模式是杂乱无章并且无规律可循的，事实上，动物每次飞行的距离和偏离的角度是满足一定的统计分布规律的。

布谷鸟搜索算法模拟了布谷鸟为了寻找能够帮助其孵化蛋的鸟巢而随机游走的搜索过程，不仅在考虑了许多鸟类和果蝇等的 Lévy flight 模式的前提下进行搜索，而且这种随机游走的策略在其他动物中也是很常见的。例如，信天翁、蜘蛛猴、灰海豹、蜜蜂、果蝇等在觅食时的搜索过程也与布谷鸟寻巢产蛋的方式类似，这种方式在具有多个独立搜索者，目标位置是随机且呈稀疏分布时是最佳的搜索策略[17]。

1996 年，Viswanathan 等[18]发表了一系列有代表性的文章，实验结果证实，漂泊信天翁飞行的间隔是服从幂律分布的，信天翁的觅食行为近似符合 Lévy flight 模式。Reynolds 和 Frye[19]对蜜蜂和果蝇的觅食轨迹进行了分析研究，发现蜜蜂和果蝇的飞行轨迹也呈现 Lévy flight 特征。而且，当搜索的目标位置是随机且呈稀疏分布时，对于几个相互独立、互不相关的探索者来说，Lévy flight 是较为理想的搜索策略。Sellreier 和 Grove[20]对驯鹿、灰海豹和蜘蛛猴等生物进行了分析，研究结果表明，它们的很多行为也近似于 Lévy flight 模式。通过相关研究可知，Lévy flight 是一种随机游走的模式，其中，随机游走的步长是一个满足重尾的稳定分布，并且短距离的跳跃和较长距离的随机游走相间发生，长距离的游走频率是比较低的。在进行智能优化和搜索过程中，利用 Lévy flight 模型进行搜索，能够扩大搜索范围，增加种群的多样性，使整个搜索更容易跳出局部最优点。布谷鸟的 Lévy flight 方式如图 5.26 所示。

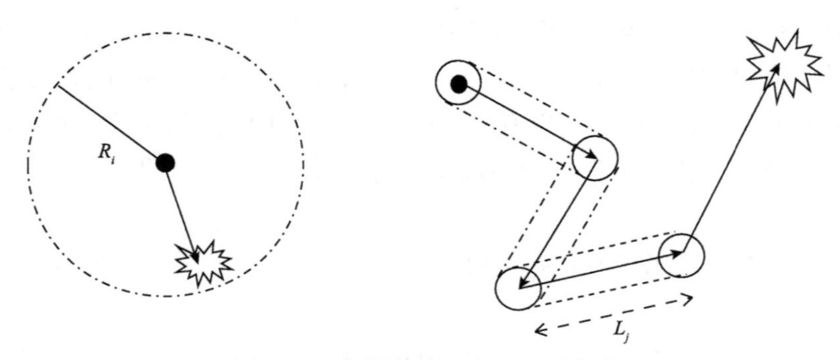

图 5.26 布谷鸟的 Lévy flight 方式

R_i 表示布谷鸟的搜索半径，如果布谷鸟的鸟巢位置在产蛋半径为 R_i 的圆形区域内，布谷鸟就以直线方式直接飞到目标位置进行产蛋。相反，如果布谷鸟的鸟巢位置在产蛋半径为 R_i 的圆形区域外，布谷鸟的寻巢行为满足 Lévy flight 的幂律分布。其中，每一步的跳跃步长 L_j 服从以下分布：Lévy～ $P(L_j)=L_j^{-u}$，其中 $1<u\leqslant 3$。

5.3.2 布谷鸟搜索算法的原理

为了模拟布谷鸟的寻巢方式，布谷鸟搜索算法基于 3 个理想的规则：①布谷鸟每次只产一个蛋，并且把它随机放在一个鸟巢中进行孵化；②一部分鸟巢放着优质的鸟蛋，这些鸟巢的位置将被保留到下一代；③鸟巢的数量 n 是确定的，当布谷鸟的蛋被鸟巢主人发现时（发现概率为 $P_a\in[0,1]$），鸟巢主人就会丢弃鸟巢或者鸟蛋，并且寻找新的位置重新建立鸟巢。

在这种假设条件下，宿主鸟可以抛弃巢中的鸟蛋或者放弃鸟巢，并构建一个新的鸟巢。为了方便起见，令每个鸟巢中的蛋代表一种解决方案，布谷鸟的蛋代表一种新的解决方案。这样做的目的是使用新的或者潜在更好的解决方案，可以取代在鸟巢中的次优解决方案。在此，使用最简单的方法，每个鸟巢中只有一个蛋。

个体：用于孵化布谷鸟鸟蛋的一个宿主鸟巢。

群体：搜索空间内所有的宿主鸟巢的位置。

在寻找鸟巢的过程中，首先，随机初始化 N 个鸟巢的位置，并计算每个鸟巢位置的适应度，保留最优的鸟巢位置到下一代，其次，按照发现概率 P_a 丢弃部分解，最后，重新生成与丢弃解数量相同的新解（鸟巢位置），再次评价并保留较好的解，完成一次迭代。

鸟巢位置的更新公式为

$$X_i^{t+1} = X_i^t + \alpha \oplus \text{Lévy}(\lambda), i = 1,2,3,\cdots,N \tag{5.55}$$

其中，X_i^t 表示第 t 代中第 i 个鸟巢所在的位置；X_i^{t+1} 表示第 $t+1$ 代中第 i 个鸟巢所在的位置；α 用来控制搜索步长；$\oplus$ 表示点乘积；$\text{Lévy}(\lambda)$ 表示随机搜索路径，其跳跃步长服从 Lévy 分布。

式（5.55）是随机游走过程的方程表达式，一般情形下，一个随机游走是一个马尔可夫链，未来的位置与当前的位置和转移概率有关。Lévy 分布函数经过简化和 Fourier 变换后得到相应的概率密度函数为

$$\text{Lévy} \sim u = t^{-\lambda}, 1 < \lambda \leqslant 3 \tag{5.56}$$

这是一个带有重尾的概率分布，其中，λ 为幂指数。

布谷鸟搜索算法使用的是具有 Lévy 分布特征的 Mantegna 法则来选择步长向量的。在 Mantegna 法则中，移动步长 s 的定义式为

$$s = \frac{u}{|v|^{\frac{1}{\beta}}} \tag{5.57}$$

这里的 β 与式（5.56）中 λ 的关系为

$$\lambda = 1 + \beta, 0 < \beta \leqslant 2 \tag{5.58}$$

在该算法中，取 $\beta = 1.5$，其中 u 和 v 是满足正态分布的随机数，服从以下正态分布

$$\begin{cases} u \sim N(0,\sigma_u^2) \\ v \sim N(0,\sigma_v^2) \end{cases} \tag{5.59}$$

其标准差 σ_u 和 σ_v 分别为

$$\begin{cases} \sigma_u = \left\{ \dfrac{\Gamma(1+\beta)\sin\left(\dfrac{\pi\beta}{2}\right)}{\Gamma\left[\dfrac{1+\beta}{2}\right]2\beta^{\frac{\beta-1}{2}}} \right\}^{\frac{1}{\beta}} \\ \sigma_v = 1 \end{cases} \tag{5.60}$$

u 和 v 可大可小，可正可负，布谷鸟搜索的步长和方向都是随机变化、实时更新的，并且可以从某一位置区域跳转到其他区域，这样可以增加算法的多样性和提高全局搜索能力。布谷鸟搜索算法又依据宿主鸟发现外来鸟蛋的概率 P_a 来抛弃鸟蛋或者鸟巢，只有适应环境的优质鸟蛋才会被孵化，优质的鸟巢才会被保留到下一代，从而产生优秀的个体。算法采取的这种随机淘汰机制，能有效避免得出局部最优解，使得算法具有较强的收敛性。

这种 Lévy 分布只有在 $|s| \geqslant |s_0|$ 时才成立，其中 s_0 表示最小步长，而且从理论上讲，s_0 趋近于 0，在实际操作时，令 s_0 为[0.01,1]。

布谷鸟搜索算法的主要步骤描述如下。

1）定义目标函数，对参数进行初始化，产生 N 个鸟巢的随机初始位置。

2）计算目标函数的值，求出鸟巢的适应度，标记当前最好的鸟巢。

3）保留上一代产生的最优鸟巢位置，根据 Lévy flight 更新公式，对鸟巢位置进行更新。

4）评估鸟巢位置（与上一代鸟巢位置进行比较），若鸟巢位置较好，则在当前鸟巢中产蛋，并寻找当前最优鸟巢及其位置。

5）鸟巢主人发现外来鸟蛋的概率是由产生的随机数（$r \in [0,1]$）来确定的，将 r 与发现概率 P_a 进行比较，若 $r > P_a$，表示鸟巢主人发现了外来鸟蛋，则放弃当前鸟巢，随机构建一组新的鸟巢位置。

6）再次评估鸟巢位置，如果鸟巢适应度更优，则在当前鸟巢中产蛋，并寻找当前最优鸟巢和位置。

7）若未满足设置的终止条件，则返回步骤 2）。

8）得到最优鸟巢的位置。

5.3.3　布谷鸟搜索算法的流程图

布谷鸟搜索算法流程图如图 5.27 所示，其详细介绍了该算法的流程和转移条件等。

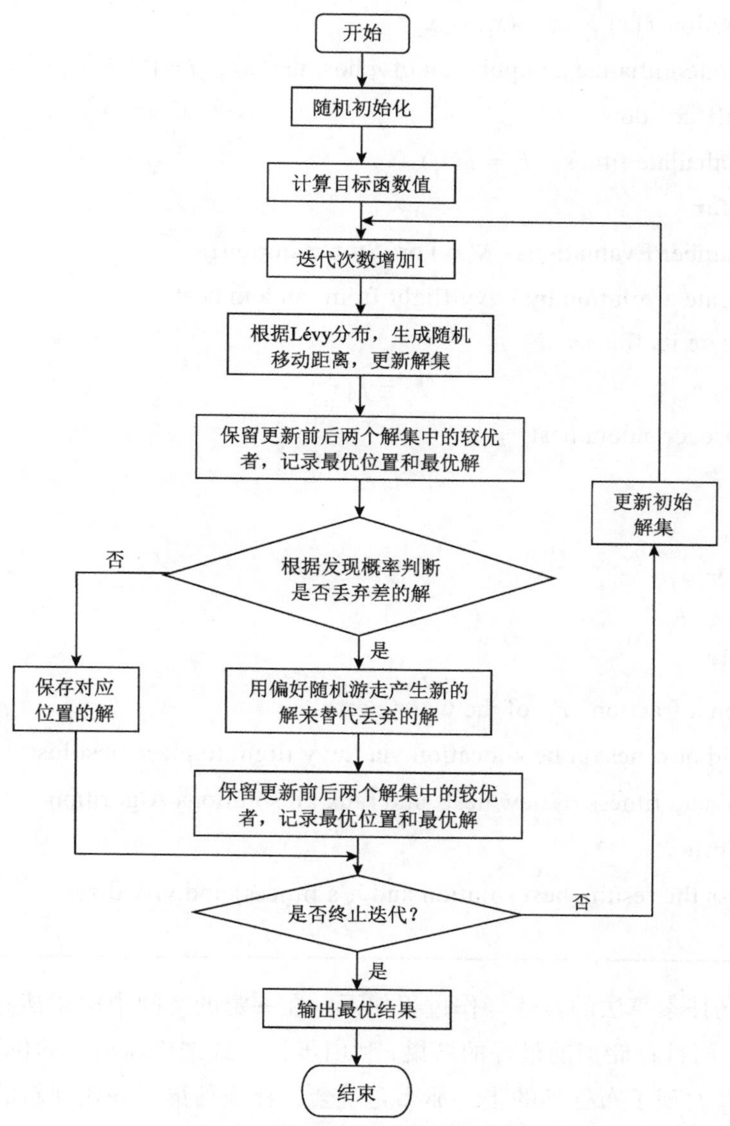

图 5.27　布谷鸟搜索算法流程图

5.3.4 布谷鸟搜索算法的伪代码

布谷鸟搜索算法的伪代码如下。

Begin

Object function $f(x)$, $X=(x_1,\cdots,x_d)^T$

Generate initialize a population of n host nest x_i , $i=1,2,3,\cdots,n$

For all x_i do

Calculate fitness $F_i=f(x_i)$

End for

While (Number Evaluations< Max) or (Stop criterion)

Generate a solution by Lévy flight from random nest

Evaluate its fitness F_j

$$F_j=f(x_j)$$

Choose a random nest j

If ($F_i>F_j$)

then

$x_i\leftarrow x_j$

$F_i\leftarrow F_j$

End if

Abandon a fraction P_a of the worst nests

Build new nest at new location via Lévy flight to place nest lost

Evaluate fitness of new nests and rank all solutions Algorithm

End While

Postprocess the results(best solution and it’s fitness) and visualization

End

布谷鸟搜索算法的具体操作过程如下：在一定的空间中构建某些数量的鸟巢并产蛋，而且存储当前最好的鸟巢，利用步长公式来更新鸟巢的位置并产蛋。如果宿主鸟发现了布谷鸟的蛋，那么它就会放弃该鸟巢，并建立新的鸟巢或者采用位置更新后的鸟巢。每一次迭代就是对所有的鸟巢位置进行一次运算，从而选出一组最好的鸟巢并存储起来。重复以上过程，直到布谷鸟找到最好的鸟

巢位置为止。

更详细地说，首先对目标函数进行初始化，生成 n 个鸟巢 x_i ，$i=1,2,3,\cdots,n$ 。当迭代次数足够大或者计算误差在允许范围内时，则输出最优解。其中，每次迭代都是采用改进的 Lévy flight 随机获得新的布谷鸟位置，并计算它的适应度，以一定的概率 P_a 丢弃劣质的鸟巢，并通过 Lévy flight 产生相同数量的新的鸟巢以填补进来，也就是说，鸟巢的总数不变，并对解进行排序，从而找到当前最优解。

5.4 改进的布谷鸟搜索算法

经典布谷鸟算法的亮点是引入了 Lévy flight 的思想，但是研究者没有对 Lévy flight 本身做深入研究，只是粗略地使用了 Mantegna 法则来产生布谷鸟的随机跳跃步长，而且 Lévy flight 的概率分布的方差和均值都是无界的，这样就使搜索失去了本质意义。另外，该算法的参数少，一旦固定很难做出适时调整。该算法中用到的参数 N、P_a 都是固定的，区域的上下界确定后，搜索范围也就基本确定了，这在一定程度上降低了这些鸟巢位置随机变化的可能性，降低了算法的收敛速度，影响了算法的灵活性和自适应性。

如何有效处理越界鸟巢的问题？如何在无界的复杂网络区域上保持种群多样性，同时设置合适的搜索范围？如何提高算法的寻优能力和收敛速度？这些都是影响算法性能的重要问题。针对以上问题，本书尝试对布谷鸟搜索算法进行改进，具体改进方法如下所述。

5.4.1 算法基本原理

改进的布谷鸟搜索算法的两种核心更新方式如下。

第一种更新方式是基于 Lévy flight 特征的位置更新，假设 x_i^t 表示第 i 个鸟巢在第 t 代的位置，新的鸟巢位置由以下公式更新

$$x_i^{(t+1)} = x_i^{(t)} + \delta \oplus L(\alpha) \tag{5.61}$$

其中，$x_i^{(t+1)}$ 表示新的鸟巢位置，δ 是步长控制量，符号 $\oplus$ 表示点对点的乘法，

$L(\alpha)$ 表示跳跃步长服从参数 α 的 Lévy 分布，产生满足该 Lévy 分布的一个随机搜索向量，即

$$L(\alpha)=e^{-\lambda x}x^{-\alpha},\ 1<\alpha\leqslant 3 \tag{5.62}$$

在此，布谷鸟搜索的连续跳跃过程就形成了一个随机游走过程。

第二种更新方式是用来模拟布谷鸟的蛋被鸟巢主人发现后会抛弃该鸟巢，并且其蛋也会被移走的思想和机制。一部分差的鸟巢以一定的概率 P_a 被丢弃，具体操作如下。

首先，生成一个满足均匀分布的随机数 $r\in[0,1]$，并与布谷鸟的蛋被鸟巢主人发现的概率 $P_a\in[0,1]$ 进行比较，如果 $r>P_a$，则随机产生一个新的解对 $x_i^{(t+1)}$ 进行改变，反之不变，保留测试值较好的一组鸟巢的位置 $x_i^{(t+1)}=x_i^{(t)}$。

在经典布谷鸟搜索算法中，布谷鸟寻巢的移动步长满足如下分布

$$L(\lambda)=t^{-\lambda},1<\lambda\leqslant 3 \tag{5.63}$$

对于上式这样满足幂律的概率密度函数，它在 0 点处是发散的，而且该概率分布的方差和均值都是无界的，这就失去了其本身的物理意义。因此，考虑对该函数进行 Tempered 操作，也就是对原函数进行一定的处理。此时，原函数变为 $\psi(x)\sim e^{-\lambda x}x^{-\alpha}$，由此，当 λ 足够大时，$e^{-\lambda x}$ 近似等于 1，虽然对函数值本身没有太大的影响，但是能够从根本上保证函数的性质，该算法就是基于这种思想进行改进的。其中

$$\psi(x)\sim e^{-\lambda x}x^{-\alpha},1<\alpha\leqslant 3 \tag{5.64}$$

在原点处发散，也就是说

$$\int_0^{\infty}e^{-\lambda x}x^{-\alpha}dx=\infty \tag{5.65}$$

根据 $\psi(x)$ 在 x 比较大时的渐进性质，可以取

$$\psi(x)\sim e^{-\lambda x}x^{-\alpha}\frac{x^{\alpha}}{x^{\alpha}+1} \tag{5.66}$$

这时 $\psi(x)$ 不再发散，且当 x 比较大时

$$\frac{x^{\alpha}}{x^{\alpha}+1}\approx 1 \tag{5.67}$$

因此有

$$\psi(x) \sim e^{-\lambda x} \frac{1}{x^{\alpha}+1} \tag{5.68}$$

接下来还需要对 $\psi(x)$ 进行单位化，使得它确实表示概率密度函数。令

$$q = \int_{0}^{\infty} e^{-\lambda x} \frac{1}{x^{\alpha}+1} dx \tag{5.69}$$

则

$$\psi(x) \sim \frac{1}{q} e^{-\lambda x} \frac{1}{x^{\alpha}+1} \tag{5.70}$$

式（5.70）就是所要求的概率密度函数。在此，精确地算出 q 的值是比较困难的，因此，本书使用数值计算方法来计算。

改进的算法使用 Tempered Lévy flight 随机游走搜索策略，该策略是短距离的探索和偶尔较长距离的跳跃相间的，能使鸟巢的位置变化更具活力，提高了全局搜索能力，同时又通过对参数 λ 的调整，能够有效地控制搜索范围，兼顾了局部搜索能力，取得了全局随机搜索和局部搜索之间的战略平衡，能够适时调整搜索范围，增加种群多样性，增强自适应效果，提高算法的整体性能。此外，改进的布谷鸟搜索算法能够在保持强大的全局搜索能力的同时，尽可能地提高局部搜索能力。

5.4.2　改进的算法实现

在生成满足式（5.70）的概率密度函数的随机变量时，无法使用常用的逆变换法，因此，本书使用 Acceptance-Rejection（接受-拒绝）算法。该算法的思想是：假设 $f(x)$ 和 $g(x)$ 都是集合 χ 上的概率密度函数，并且满足：$f(x) \leqslant ag(x)$，$a \geqslant 1$，$\forall x \in \chi$。由此便能够比较容易地从 $g(x)$ 中生成样本 X，则具体步骤如下。

1）生成 $g(x)$ 的样本 X。

2）生成 $U \sim U(0,1)$的均匀分布，并且 U 和 X 是独立的。

3）如果 $U \leqslant \dfrac{f(x)}{ag(x)}$，那么取 $Y = X$，并返回步骤 1），否则舍去 X，返回步骤 1）。

为了验证该方法的可靠性，接下来证明由上述步骤生成的随机数 Y 的概率

密度函数的确为 $f(x)$。

对于任何的 $A \in \chi$，有

$$P(Y \in A) = P\left(X \in A \middle| U \leqslant \frac{f(x)}{ag(x)}\right) = \frac{P\left(X \in A, \frac{f(x)}{ag(x)}\right)}{P\left(U \leqslant \frac{f(x)}{ag(x)}\right)} \tag{5.71}$$

由于

$$P\left(U \leqslant \frac{f(x)}{ag(x)}\right) = \int_{\chi} \frac{f(x)}{ag(x)} g(x)dx = \frac{1}{a} \tag{5.72}$$

所以

$$P(Y \in A) = a\int_A \frac{f(x)}{ag(x)} g(x)dx = \int_A f(x)dx \tag{5.73}$$

即 Y 的概率密度函数为 $f(x)$。

由以上证明过程可以看出，每次接受的概率为

$$P\left(U \leqslant \frac{f(x)}{ag(x)}\right) = \frac{1}{a} \tag{5.74}$$

换句话说，为了生成一个 $f(x)$ 的样本，需要生成 a 个 $g(x)$ 和 $U(0,1)$均匀分布的样本。

以上是对 Acceptance-Rejection 算法的描述和证明，接下来通过 Acceptance-Rejection 算法，首先生成随机变量 y，其中

$$\phi(y) \sim \lambda e^{-\lambda y}, y = \frac{-\log(u)}{\lambda} \tag{5.75}$$

U 在[0,1]为均匀分布，表达式如下

$$\frac{\psi(x)}{\phi(x)} = \frac{\frac{1}{q} e^{-\lambda x} \frac{1}{x^{\alpha}+1}}{\lambda e^{-\lambda x}} \leqslant \frac{1}{\lambda q} \tag{5.76}$$

令 $\frac{1}{\lambda q} = a$，改进布谷鸟核心算法的步骤如下。

1）生成U_1（[0,1]上的均匀分布），$Y=\frac{-\log(U_1)}{\lambda}$。

2）生成U_2（[0,1]上的均匀分布）。

3）计算$\frac{\psi(Y)}{a\phi(Y)}$。

4）如果$U_2<\frac{\psi(Y)}{a\phi(Y)}$，则$X=Y$；否则，继续步骤 1）和步骤 2）。

基于 Tempered Lévy flight 的布谷鸟搜索算法的伪代码如下。

Begin

Object function $f(x)$， $X=(x_1,\cdots,x_d)^T$

Generate initialize a population of *n* host nest x_i， $i=1,2,3,\cdots,n$

Initialize parameter n,λ,α

For all x_i do

Calculate fitness $F_i=f(x_i)$

End for

While (Number Evaluations< Max) or (Stop criterion)

Generate a solution according to Acceptance-Rejection algorithm

while(U_2>A)

Generate uniform distribution $U_1\in[0,1], Y=\frac{-\log(U_1)}{\lambda}$;

Generate uniform distribution $U_2\in[0,1]$,

end

Evaluate its fitness F_i

If ($F_i>F_j$) **then**

Replace *j* by the new solution;

End if

Abandon a fraction P_a of the worst nests and new ones are bulit

Keep the best solutions

Rank the solutions and find the current best

End While

Postprocess results and visualization

End

5.4.3 算法的参数选择

本书对布谷鸟搜索算法的改进中涉及的参数有鸟巢群体规模 n 、发现概率 P_a 以及指数 λ 。我们从前面的研究中知道，指数 λ 能够有效控制搜索区间的大小，而且可以动态实时调整，这对搜索速度的提高和收敛速度的加快起到了至关重要的作用。

原则上，鸟巢的群体规模越大，一般搜索的速度也就越快，但是，本书通过大量的模拟仿真实验表明，当群体数量 n 为 15—40，并且丢弃概率 P_a 取值为 0.25 时就能解决大多数的优化问题了。因此，一般不需要对这两个参数进行特别调整，而对算法影响比较大的是参数 λ ，可以根据具体优化问题进行相应的调整，以达到最优效果。

5.4.4 实验仿真

为了观测布谷鸟搜索算法在实际优化问题的收敛速度和解的质量，测试算法的性能，验证算法的有效性，本书设计了仿真实验。

5.4.4.1 测试平台及参数设置

本章通过 Matlab 进行模拟仿真，算法中存在的参数有丢弃概率为 P_a 、种群规模为 n ，以及控制搜索范围和随机步长的参数 λ 。其中，丢弃概率 P_a 取 0.25，种群规模 n 取 25，对参数 λ 进行动态调整。

5.4.4.2 测试函数

为了评估算法的求精能力和收敛速度，验证算法的有效性，本章选取了 4 个经典的基准测试函数进行测试[21]。

在这些测试函数中，Sphere 函数是可分离的单峰函数，当自变量为 0 时达到全局极小值，主要用于测试算法的收敛精度。Rosenbrock 函数在二、三维时是简单的单峰函数，通常用此函数检测算法的局部搜索能力。由于 Rosenbrock 函数的全局最优解位于一个平滑且狭长的抛物线形的山谷内，该函数为布谷鸟搜索等优化算法提供的信息量较少，使算法很难辨别搜索方向，因此也用此函数来评价优化算法的执行效率和效果。

Griewank 函数是多峰值函数，并且存在多个局部最优点。Rastrigin 函数是不可分离的典型多峰函数，当变量为 0 时，达到全局极小值，求解区域内存在很多局部最优解（极小值），函数的尖峰个数随着维数的增加而增多，一般算法很难获得全局最优值。Rastrigin 函数是较难找到全局最优值的多峰函数。因此，本书使用 Rastrigin 函数来检验算法的全局寻优能力和收敛能力。

4 个测试函数及其在相应搜索范围内的全局最优值如表 5.1 所示。

表 5.1　测试函数

函数名	测试函数	搜索范围	全局最优值
Sphere	$f_1=\sum_{i=1}^{n}x_i^2$	[−5, 5]	0
Rosenbrock	$f_2=\sum_{i=1}^{n-1}\left[(1-x_i)^2+100(x_{i+1}-x_i^2)^2\right]$	[−5, 5]	0
Rastrigin	$f_3=\sum_{i=1}^{n}(x_i^2-10\cos(2\pi x_i)+10)$	[−5.12, 5.12]	0
Griewank	$f_4=\sum_{i=1}^{n}\frac{x_i^2}{4000}-\prod_{i=1}^{n}\cos\frac{x_i}{\sqrt{i}}+1$	[−5.12, 5.12]	0

5.4.5　实验结果及分析

独立运行 20 次后，4 个测试函数在相应算法下的最优值、最差值及平均值如表 5.2 所示。

表 5.2　独立运行 20 次的实验结果

函数	算法	最优值	最差值	平均值
f_1	CS	6.2940e-06	9.9455e-06	8.8336e-06
	TCS	6.2473e-06	9.7115e-06	8.1295e-06
f_2	CS	2.2812e-06	9.8510e-06	5.0905e-06
	TCS	1.0847e-06	9.5830e-06	4.9974e-06
f_3	CS	2.6852e-07	9.9948e-06	6.5084e-06
	TCS	1.8732e-07	7.6582e-06	4.1317e-06

续表

函数	算法	最优值	最差值	平均值
f_4	CS	1.4484e-06	9.9529e-06	5.7082e-06
	TCS	1.2742e-06	9.3304e-06	5.3749e-06

注：CS 是 cuckoo search 的缩写，代表经典的布谷鸟搜索算法；TCS 是 Tempered cuckoo search 的缩写，代表改进的布谷鸟搜索算法。下同

表 5.2 中的数据是这两种搜索算法分别独立运行 20 次后统计的实验结果，对于 Sphere 函数、Rosenbrock 函数、Rastrigin 函数和 Griewank 函数，它们的全局最优值都为 0。为了使实验数据尽可能可靠，本书讨论了两种算法分别运行 20 次后各个函数产生的最优值、最差值和平均值。其中，平均值具有更大的指导意义，因为它能够更为真实地反映实验结果。从表 5.2 的实验结果中可以看出，改进的布谷鸟搜索算法在 Sphere 函数、Rosenbrock 函数、Rastrigin 函数和 Griewank 函数这 4 个测试函数实验中的求解精度都高于传统的布谷鸟搜索算法，Rosenbrock 函数、Rastrigin 函数的求解优化效果更为明显。

本章采用的测试函数中不仅包括单峰函数，还包括多峰函数，而且对低维和多维的情形也进行了测试。由表 5.2 可知，对 4 个不同的测试函数进行测试，改进的布谷鸟搜索算法比经典的布谷鸟搜索算法能获得较好的适应值。

接下来，继续进行实验，通过讨论迭代次数和求解的最优值的准确性来衡量算法的搜索速度和收敛情况，实验结果如图 5.28—图 5.31 所示。

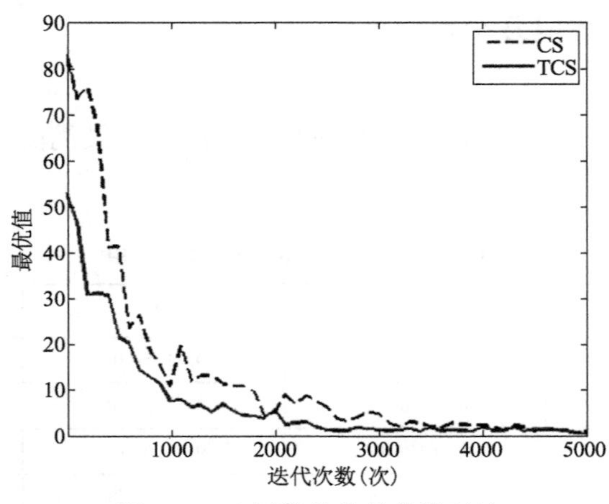

图 5.28　f_1 函数的收敛曲线对比

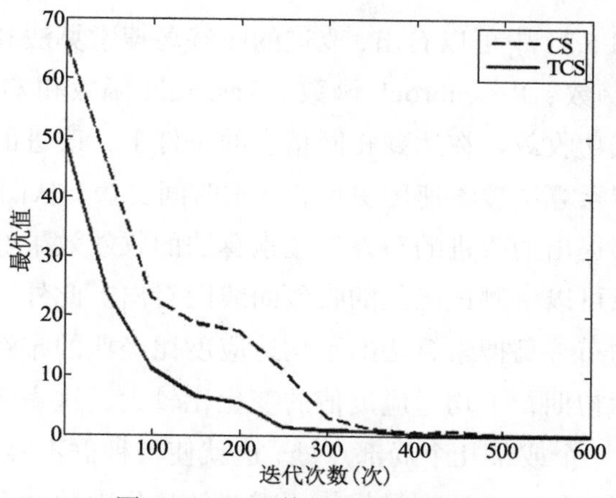

图 5.29　f_2 函数的收敛曲线对比

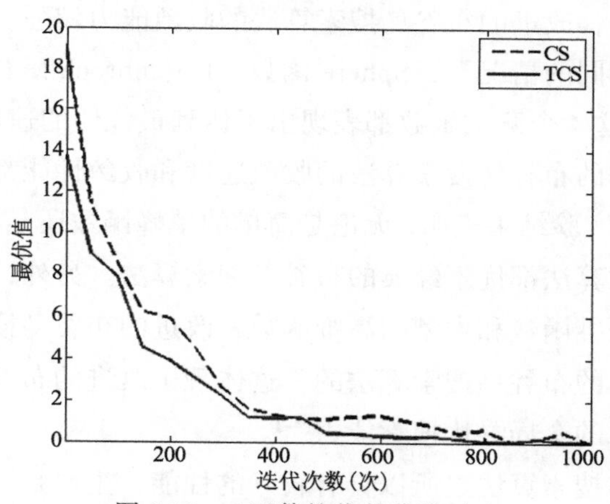

图 5.30　f_3 函数的收敛曲线对比

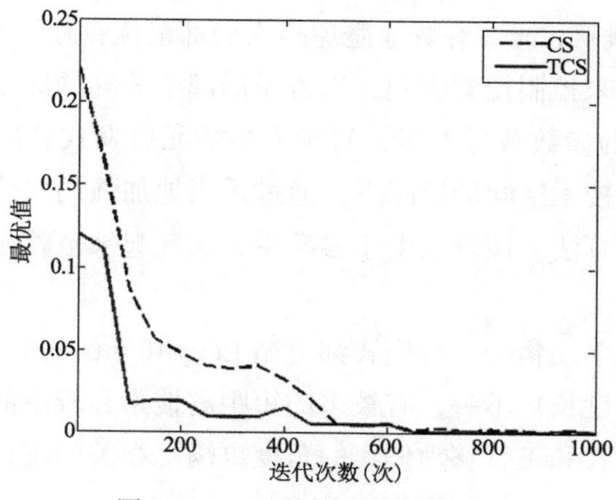

图 5.31　f_4 函数的收敛曲线对比

从图 5.28—图 5.31 中可以看出，改进的布谷鸟搜索算法和经典的布谷鸟搜索算法对 Sphere 函数、Rosenbrock 函数、Rastrigin 函数和 Griewank 函数这 4 个测试函数均能成功收敛。在达到相同精度的条件下，改进的布谷鸟搜索算法比经典的布谷鸟搜索算法搜索速度更快，搜索时间更短。从图 5.28—图 5.31 中还可以看出，本书提出的改进的布谷鸟搜索算法的收敛效果好于经典的布谷鸟搜索算法，此结果可以由测试函数的收敛曲线图看出。此外，由平均适应度图可以看出，改进的布谷鸟搜索算法的平均适应度比经典的布谷鸟搜索算法变化大，特别是在搜索初期，平均适应度值的变化比较大，这表明个体是比较分散的，没有集中于某一个或某几个局部点处，这就使得种群不容易陷入局部收敛，而且平均适应度变化较大，达到最优值所需要的迭代次数就会减少。实验结果从某种程度上说明，改进的布谷鸟搜索算法的收敛能力较强。

在迭代次数相同的情况下，Sphere 函数、Rosenbrock 函数、Rastrigin 函数和 Griewank 函数这 4 个测试函数都表现出了达到最优值的速度较快、收敛精度较高的事实。改进的布谷鸟搜索算法的收敛速度和收敛性能都优于经典的布谷鸟搜索算法。仿真实验结果表明，无论是简单的单峰函数还是复杂的多峰函数，改进的布谷鸟搜索算法都优于经典的布谷鸟搜索算法。另外，通过参数调整发现，对于小型的低维函数和大型的高维函数，改进的布谷鸟搜索算法的寻优能力也是超过了经典的布谷鸟搜索算法的。这体现了改进的布谷鸟搜索算法具有更好的性能和更优的全局寻优搜索能力[22]。

改进的布谷鸟搜索算法之所以具有较好的性能，主要是因为以下几点。

1）该算法能够很好地平衡全局搜索和局部搜索，一方面通过 Tempered Lévy flight 中的大步长跳跃，能够有效地避免陷入局部最优；另一方面，该算法又能够通过调整参数 λ 来控制搜索空间，以遵循局部不放弃的原则。

2）控制算法的参数数量不多，对于大多数元启发式算法来说，在能够有效控制搜索区域和搜索空间的情况下，通过适当地加强局部搜索就能够成为一种比较有效的搜索算法。该算法由于参数少，实现起来也就相对简单并且更加通用。

大自然中有很多动物的飞行模式都遵循 Lévy flight。布谷鸟在进行搜索时，它的飞行路径的长度长短不一，有较多的短距离搜索和较少的长距离跳跃。其中，每次跳跃的步长和飞行移动偏离的角度也满足相关的统计分布规律。

5.5 本章小结

本章对复杂网络的搜索策略进行了研究，其中研究的随机游走模型和搜索算法对动物觅食、最优路线的选择有着借鉴意义。

首先，本章讨论了复杂网络的幂律机制，进而给出空间和时间耦合的随机搜索模型，并分析相关搜索模型的老化效应等特性；在此基础上，借鉴随机游走的相关理论成果，对复杂网络的搜索算法进行了研究和探讨，提出了一种改进的布谷鸟搜索算法，该算法能够提高搜索的效率，并分析和讨论了该算法的实验仿真结果；最后，指出对复杂网络搜索算法进行研究的实际应用价值。

参考文献

[1] 胡海波，王林. 幂律分布研究简史. 物理, 2005, 34(12): 889-896.

[2] Strogatz S H. Exploring complex networks. Nature, 2001, 410: 268-276.

[3] Feller W. An Introduction to Probability Theory and its Applications. Hoboken: Wiley, 1970.

[4] Klafter J, Sokolov I M. First steps in random walks: From tools to applications. Contemporary Physics, 2012, 53(4): 369-370.

[5] Yang X S, Deb S. Cuckoo search via Lévy flights. Proceedings of World Congress on Nature & Biologically Inspired Computing, 2009: 210-214.

[6] Yang X S, Deb S. Engineering optimisation by cuckoo search. International Journal of Mathematical Modelling and Numerical Optimisation, 2010, 1(4): 330-343.

[7] Valian E, Mohanna S, Tavakoli S. Improved cuckoo search algorithm for feed forward neural network training. International Journal of Artificial Intelligence & Applications, 2011, 2(3): 36-43.

[8] Walton S, Hassan O, Morgan K, et al. Modified cuckoo search: A new gradient free optimisation algorithm. Chaos, Solitons & Fractals, 2011, 44(9): 710-718.

[9] 王凡，贺兴时，王燕. 基于高斯扰动的布谷鸟搜索算法. 西安工程大学学报, 2011, 25(4): 566-569.

[10] Winfree R. Cuckoos, cowbirds and the persistence of brood parasitism. Trends in Ecology & Evolution, 1999, 14(9): 338-343.

[11] 张永韡，汪镭，吴启迪. 动态适应布谷鸟搜索算法. 控制与决策, 2014, 29(4): 617-622.

[12] 李煜，马良. 新型元启发式布谷鸟搜索算法. 系统工程, 2012, 30(8): 64-69.

[13] Mantegna R N. Fast, accurate algorithm for numerical simulation of Lévy stable stochastic processes. Physical Review E, 1994, 49(5): 4677-4683.

[14] Ouaarab A, Ahiod B, Yang X S. Discrete cuckoo search algorithm for the travelling salesman problem. Neural Computing and Applications, 2014, 24(7-8): 1659-1669.

[15] Durgun I, Yildiz A R. Structural design optimization of vehivehicle components using cuckoo search algorithm. Materials Testing, 2012, 54(3): 185-188.

[16] Valian E, Mohanna S, Tavakoli S. Improved cuckoo search algorithm recent advances in mathematics for feedforward neural network training. International Journal of Artificial Intelligence & Applications, 2011, 2(3): 36-43.

[17] Gandomi A H, Yang X S, Alavi A H. Cuckoo search algorithm: A metaheuristic approach to solve structural optimization problems. Engineering with Computers, 2013, 29(1): 17-35.

[18] Viswanathan G M, Afanasyev V, Buldyrev S V, et al. Lévy flight search patterns of wandering albatrosses. Nature, 1996, 381(6581): 413-415.

[19] Reynolds A M, Frye M A. Free-flight odor tracking in drosophila is consistent with an optimal intermittent scale-free search. PloS ONE, 2007, 2(4): 1-9.

[20] Sellreier A L, Grove M. Ranging patterns of hamadryas baboons: Random walk analyses. Animal Behaviour, 2010, 80(1): 75-87.

[21] Hansen N, Ostermeier A. Completely derandomized self-adaptation in evolution strategies. Evolutionary Computation, 2001, 9(2): 159-195.

[22] 邓凯英, 邓竞伟, 孙铁利. 基于 Tempered Lévy flight 随机游走模型的布谷鸟搜索算法. 计算机应用研究, 2016, 33(10): 2992-2996.

第6章

藏文搜索引擎的设计

6.1 藏文信息搜索技术研究现状

搜索引擎能够为人们的生活带来很多便利，人们甚至对其产生了依赖。同样，藏文搜索技术对于促进藏文信息处理技术的发展以及藏族地区同胞信息化水平的提高有着重大的意义。随着网络技术的不断发展和进步，许多电子版的藏文信息、藏文刊物都已实现数字化，因此藏文搜索引擎就更重要了。

藏文搜索引擎主要依托于以下几种技术：网络爬虫技术（在其他章节中已有介绍）、文本预处理、检索排序技术、网页处理技术、大数据处理技术、自然语言处理技术等。这些技术能够为信息检索用户提供快速、高相关性的信息服务。搜索引擎技术的核心模块一般包括爬虫、索引、检索和排序等，同时可添加其他一系列辅助模块，以为用户创造更好的网络使用环境。

6.2 藏文分词方法

藏文分词研究是藏文信息处理的一项不可缺少的基础性工作，是藏文信息处理的核心和藏文自然语言理解的基础，有着广泛的应用前景[1]。分词技术能够在一定程度上决定系统的搜索准确率，分词是藏文搜索系统在搜索处理时的基本分析单位，能够为搜索过程做好前期的准备工作。藏文自动分词技术的发展已经经历了一个较长的历程，目前仍然处于探索性和创新性的研究阶段。目前，对藏文自动分词的研究仍然具有重要的现实意义。

藏文分词研究始于 1999 年中国藏学研究中心，随后科研人员对藏文文本的规则分词、格助词分词以及发现和消除切分歧义等方面进行了研究。藏文分词问题虽然和汉语分词有很多相似性，但藏文作为拼音文字，具有二维的书写规则、由音节字成词以及特殊的构词方式和语序等特点，这使得对它的分词研究又有别于汉语分词研究。但是借鉴汉语分词研究的已有成果和成功经验，无疑对把握藏文分词问题的本质，针对性地开展藏文分词理论研究具有非常重要的指导意义。

藏文分词需要确立分词单位，而要确立分词单位，首先要明确分词单位的定义。信息处理中的分词单位比传统意义上的词更宽泛，这也就避免了理论上对词的界定难以把握的困扰。分词系统可以根据解决实际问题的需求和真实语料中使用的频繁程度来确定分词单位。分词单位除了词，也包括一部分使用频度高的词组，还包括未登录词识别以及一些词法分析的切分单位，如一些人名、地名、机构名、外国人译名等。从字数考虑，对两个字的组合可较宽泛地看作 1 个分词单位，对 3 个字的组合命名较严，4 个字以上的组合若不是成语、习惯用语、简称、地名或外族人名，则一般不看作 1 个分词单位[2]。

词类划分体系是确立分词单位的依据，为了进行语法研究与信息处理，需要把语法功能相同或者相近的词归成一类。结合藏文文法自身的特点，建立信息处理用藏文分词所需的 16 个词类如下：名词、时间词、处所词、方位词、数词、量词、代词、动词、形容词、状态词、副词、格助词、接续词、助词、象声词、叹词。按照《信息处理用现代藏语词语的分类方案》，藏语中的格助词和接续词分别单独作为一个词类进行分类。除了以上词类，在分词时还会遇到比词大或小的分词单位，如词藻、语素、标点符号和成语等。其中词藻是藏文词类中区别于其他类的最为特殊的一类，由于它表示“明白论证事物名字之命名、运用、同义异名等”，从而被《藏汉大词典》归为名词[3]。对这些小于或大于词的字符串进行分析和归类后可得到六个类，即前接成分、后接成分、语素、非语素字、简称略语、标点符号，再将这六类归入此体系中，从而产生了由 22 个词与非词组成的分类体系。大于词的习惯语和成语根据其语法属性归类到相应的词类中。

切分原则是确定分词单位最主要的基础，是排除了语言学界众多歧义后而确立的分词标准。分词单位的确立需要充分考虑形式和意义的统一，“形式上要看一个结构体的组成成分能否单用，结构体能否扩张，组成成分的结构关系以及结构体的音节结构；意义上要看结构体的整体意义是否具有组合性”，所以分词既要符合语言学的一般原则，也要便于词类和句法分析，因此确定哪些是分词单位，哪些不是分词单位，除了需要考虑分词单位的定义和词类划分等诸多因素外，更需要有切分的原则[4]。

在自然语言处理技术中，分词是一项非常重要的技术。人们通过已有知识先把句子切分成词，然后根据词与词之间的某些关系进行分析，从而理解整个句子的含义。藏文搜索系统在进行搜索时，对句子的理解也是如此，其自动分词过程如图 6.1 所示。

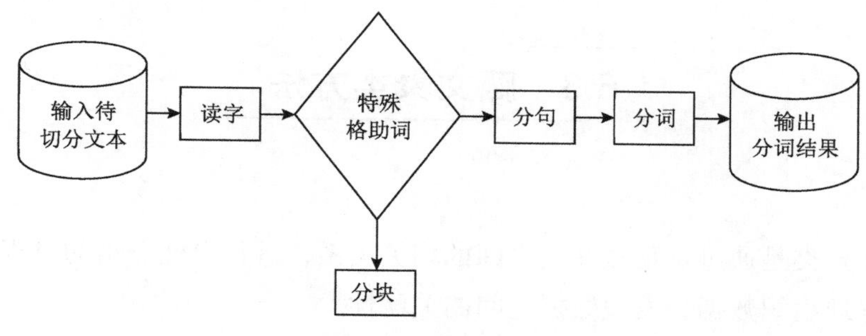

图 6.1　自动分词过程

目前，主要的分词方法有基于字符串匹配的分词方法、基于规则的分词方法和基于统计的分词方法。

基于字符串匹配的分词方法又称机械分词方法，它是按照一定的策略将待分词的藏文字符串与词典中先前处理好的词条进行匹配，若在词典中找到某个字符串，则匹配成功（识别出一个词）；反之，以未登录词处理。常用的几种机械分词方法有：①正向最大匹配法（由左到右的方向）；②逆向最大匹配法（由右到左的方向）；③最少切分法（使每一句中切出最小的词）[5]。

基于规则的分词方法是通过计算机模拟人对句子的理解，达到识别词的效果。其基本思想是在分词的同时进行句法、语义分析，利用句法信息和语义信息来处理歧义现象。该方法包括 3 个部分，即分词子系统、句法语义子系统和总控部分[6]。由于藏语语法规则的复杂性，目前难以将各种语言信息组织成机器可直接读取的形式，基于规则或理解的藏文分词系统还处在初步实验阶段。

基于统计的分词方法是指，从形式上看，词是稳定的音节字的组合，因此在上下文中，相邻的字同时出现的次数越多，就越有可能构成一个词。因此，藏文音节字与音节字相邻共现的频率或概率能够较好地反映出成词的可信度。可以对语料中相邻共现的各个音节字组合的频度进行计算，统计它们的互现信息。互现信息体现了藏文字之间结合关系的紧密程度。当紧密程度高于某个实验界定的阈值时，便可认为此藏文音节字组合可能构成一个词。这种方法只需对语料中的字组频度进行统计，因而又叫统计取词方法。这种分词方法需要用大规模的语料库来进行分析统计，但目前尚未出现覆盖度较广的藏语语料库，因此基于统计的藏文分词技术还未真正实现[7]。

6.3 藏文聚类方法

藏文聚类是通过发现藏文文本间的相关关系，进行自然分组的过程。聚类能够更好地组织数据，发现数据之间的关联性。

藏文聚类的首要问题是藏文表示，对于系统中的藏文网页，需保留其原始格式，如段落、换行、标题等，破坏它的原始格式会对后来的分词及检索产生影响。藏文聚类过程中文本向量的实现过程为：首先会定义一个稀疏矩阵，然后每一个文本向量对象继承自该稀疏矩阵。藏文聚类过程中还会涉及藏文停词。藏文中存在一些类似于英语中的停词的词，这里被称为藏文停词。这些词多是虚词，也有些是符号音节，它们在文本中出现的频率也非常高，但是对于文本的重要程度很低，如同英语中的冠词 a、an、the，系动词 is 等，每个文档中都会出现很多这类词，但是对于文本来说没有实际意义。它们影响了对文本间相关度的计算，因此需要去除。

根据聚类算法的实现过程，可分为划分法（partitioning）聚类和层次法（hierarchical）聚类[8]。划分法是在选定聚类中心后通过循环迭代来实现聚类，直到聚类中心文档不变。层次法从实现方式上又可以分为自上而下和自下而上两种。自下而上是指算法开始时把每个对象当作一个类，然后循环合并距离最近的类，直到所有对象都被合并到一个类中。自上而下正好相反，算法开始时把所有对象都当作一个类，然后根据算法进行拆分，直到每个类只剩下一个对象。

聚类结果的好坏表现在类的内部对象距离和类之间的距离上。聚类中文档都是以向量形式存在的。向量间距离的计算方式有很多，常用的有欧氏距离、余弦距离、曼哈顿距离等，其向量距离如表 6.1 所示。

表 6.1　常用向量距离计算公式

名称	公式
欧氏距离	$\|a-b\| = \sum_i (a_i - b_i)^2$
余弦距离	$\frac{a \times b}{\|a\|\|b\|}$
曼哈顿距离	$\|a-b\| = \sum_i \lvert a_i - b_i \rvert$

藏文搜索结果聚类可以提高搜索结果的针对性，缩小使用者的搜索范围，让使用者能快速查到所需结果。因此对于搜索结果聚类，重新合理组织数据有利于提高搜索结果的精确度。但针对搜索结果的聚类有时效性限制，同时需要算法有很好的效果。时效性保证聚类过程不会消耗过多时间，从而影响系统性能。聚类效果保证了对搜索结果的有效组织，如果聚类效果不好，反而会影响得到的结果，因此算法必须要能得出很好的搜索结果。另外，搜索过程要求数据能够较为均匀地分布到不同的类中，如果结果中的很多类为空，数据分布过于集中，就失去了结果聚类的意义。

6.4　藏文网络预处理

一个具体的藏文网络可抽象为一个由节点集 V 和边集 E 组成的图 $G=(V, E)$，节点数记为 $N=|V|$，边数记为 $M=|E|$，边集 E 中的每一条边都可在节点集 V 中找到一对节点与之相对应。一个含有 N 个节点的图 $G=(V, E)$可表示为一个 $N\times N$ 的邻接矩阵[9]。

在分析小规模的复杂网络时，邻接矩阵能够很直观地表现出该网络的各种特征和性质，进而能够完成计算节点度和确定路径边的工作。然而，对于很多大规模的实际复杂网络来说，直接分析其邻接矩阵就意味着具有非常庞大的计算量和访问量，以及特别复杂的节点关系和网络拓扑结构。尽管在该邻接矩阵上执行的搜索策略会具有相对简单的设计过程，但在本质上，这样的处理方式会在分析实际复杂网络的邻接矩阵的过程中掺杂进复杂网络搜索过程，会在很大程度上延长搜索用时，使得科研人员很难从响应时间的角度正确评价藏文复杂网络搜索策略的搜索效果。

藏文网络搜索中的预处理过程如图 6.2 所示。藏文预处理是藏文搜索中一个非常重要的过程，能够为藏文搜索提供便利，改善搜索效果，提高搜索效率。

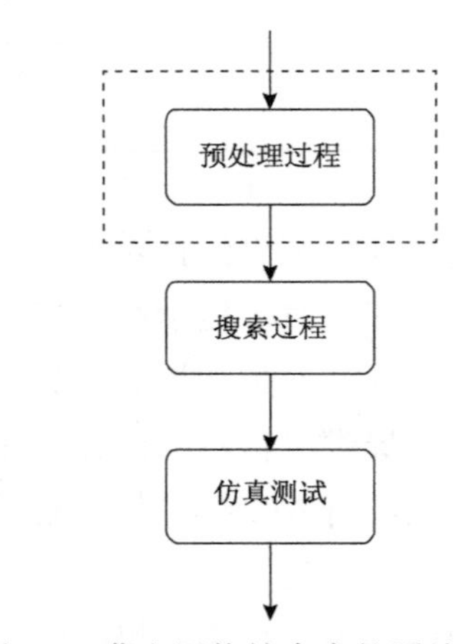

图 6.2　藏文网络搜索中的预处理过程

6.5　系统功能模块

藏文搜索引擎中各关键功能模块的功能简介如下。

1）网络爬虫：从互联网中爬取一个或若干个原始网页数据，伴随着网页的抓取，又不断地从抓取到的网页中抽取新链接并放入链接队列中，直到爬虫系统满足停止条件，抓取结果被存储于文档知识库服务器中。

2）文档存储：存储原始网页数据，通常是分布式 Key-Value 数据库，能根据 URL 快速获取网页内容。

3）元数据入库：元数据是数据的数据，可以把它存储在相应的数据库中。

4）藏文处理：对藏文信息进行处理时，不仅要考虑格式与编码的转换，还要在实际搜索过程中对信息进行加工和识别。

5）格式及编码转换：选取有效的藏文系统编码方案，在平台上完成转码程序。

6）藏文预处理：预处理性能的优劣会直接影响系统的性能，因此，需要对藏文信息进行详细的预处理操作。

7）索引模块：主要包括对索引数据的处理，以及建立索引服务器等。

8）索引数据：读取原始网页数据，解析网页，抽取有效字段，生成索引数据。索引数据的生成方式通常是增量的、分块/分片的，并会进行索引合并、优化和删除。生成的索引数据通常包括字典数据、倒排表、正排表、文档属性等。生成的索引数据被存储于索引服务器中。

9）索引服务器：用于存储索引数据，主要是倒排表，通常是分块、分片存储，并支持增量更新和删除。当数据内容量非常大时，还可以根据类别、主题、时间、网页质量划分数据分区和分布，以更好地服务在线查询。

10）搜索模块：读取倒排表索引，响应前端查询请求，返回相关文档列表数据。分析用户查询，生成结构化查询请求，指派到相应的类别、主题数据服务器进行查询。

11）数据分析：收集各网页的链接数据和锚文本（anchor text），以此计算各网页链接评分，最终会作为网页属性参与返回结果排序。

12）搜索分类：对搜索过程的中间数据进行处理，基于文档和查询的相关性、文档的链接权重等属性对检索器返回的文档列表进行排序。

13）页面处理：对网页进行处理，包括网页去重以及网页反垃圾等。

14）网页去重：提取各网页的相关特征属性，计算相似网页组，提供离线索引和在线查询的去重服务。

15）网页反垃圾：收集各网页和网站历史信息，提取垃圾网页特征，从而对在线索引中的网页进行判定，去除垃圾网页。

以上是系统的主要功能模块，此外还包括页面的描述和前端设计，为检索和排序完成的网页列表提供相应的描述和摘要，接受用户请求，分发至相应服务器，返回查询结果。系统的具体过程可以用系统框架图（图 6.3）来表示。

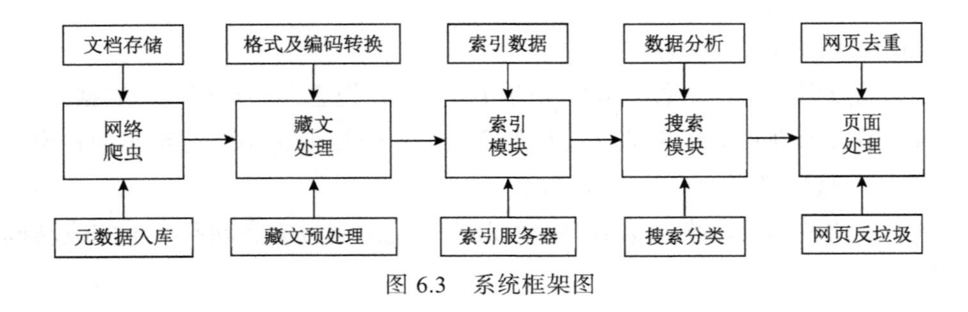

图 6.3 系统框架图

6.6 本章小结

本章主要介绍了藏文信息搜索过程的研究现状、藏文网络分词方法、藏文聚类方法以及藏文网络信息的搜索过程和系统设计框架。

参考文献

[1] 陈玉忠, 李保利, 俞士汶. 藏文自动分词系统的设计与实现. 中文信息学报, 2003, 17(3): 15-20, 65.
[2] 才智杰. 藏文自动分词系统中紧缩词的识别. 中文信息学报, 2009, 23(1): 35-37, 43.
[3] 张怡荪. 藏汉大辞典. 北京: 民族出版社, 1993.
[4] 关白. 信息处理用藏文分词单位研究. 中文信息学报, 2010, 24(3): 124-126.
[5] 俞士汶. 计算语言学概论. 北京: 商务印书馆, 2003.
[6] 毛尔盖・桑木旦. 藏文文法概论. 西宁: 青海民族出版社, 2005.
[7] 才让叁智. 藏文搜索引擎中的分词算法研究. 西藏大学学报（自然科学版）, 2013, 28(2): 53-57.
[8] 万德稳. 藏文搜索和搜索结果聚类研究及系统实现. 西南交通大学硕士学位论文, 2013: 10-25.
[9] 冯立雪. 结合最大度与最小聚类系数的复杂网络搜索策略研究. 北京交通大学硕士学位论文, 2011: 25-26.

第 7 章

复杂网络动力学行为模型

7.1 应用背景

近年来，随着学者对反常扩散的广泛关注[1]，在数学及其应用领域里随即掀起了研究分数阶微分方程的热潮[2-5]，尤其是研究方程的计算方法[6-9]。关于分数阶（常或偏）微分方程数值算法的研究有了很大的进展。数值算法包括预估–校正法、有限差分法，甚至是蒙特卡罗方法[10-15]。对于时间分数阶微分方程，也有大量深入、细致的工作，其中包括高阶差分格式、紧格式法、变系数分数阶微分方程的计算格式等[16-18]。与经典微分方程相比，我们必须要面临的挑战之一是算法的复杂性，除此之外还包括庞大的计算量，因为拟分数阶微分算子具有非局域性（保记忆性），所以，建立有效的数值算法势在必行。大多数方法很少对算法的有效性和精度加以平衡。换句话说，一方面，为了保证计算精度，计算量必须很大；另一方面，如果计算量减少，计算精度又会大大损失。

回火分数阶算子是分数阶算子的推广，回火最简单的方法是将大的步长或非常长的等待时间直接截断。与经典微分方程相比，我们必须面临的挑战之一是当求解回火分数阶微分方程时，不仅计算量很大，而且计算复杂，这是因为回火分数阶算子是拟微分算子，是非局部的[19]。因为回火分数阶微分方程描述的是正常扩散与反常扩散的转换，而且回火分数阶微分方程与经典的分数阶微分方程不同。

7.2 生成幂律分布的随机变量

7.2.1 生成随机变量的方法

生成随机变量的方法多种多样，我们希望生成的随机变量不仅能准确地满足分布要求，而且生成随机变量的速度要快，效率要高。只有快速、高效、准确地生成满足要求的随机变量，才能提高仿真的效率。本部分将介绍产生随机变量的几种方法。

7.2.1.1 反变换法

反变换法是常用且直观的方法，也叫逆变换法。该方法较适用于连续随机变量，主要是求出分布函数的反函数的表达式。该方法通过对分布函数进行反变换，求得满足条件的随机变量，因此得名为反变换法。接下来，本部分将介绍连续分布的反变换法以及离散分布的反变换法。

1）连续分布的反变换法。若连续型随机变量 r 的分布函数为 $F(r)$，则可通过以下两步生成随机数：①生成随机数 r，其中 $r\sim U(0,1)$；②x=F^{−1}(r)，即为满足要求的随机数。

假设随机变量 x 的分布函数为 $F(x)$，首先在[0,1]区间上生成满足均匀分布的随机变量 r，由反函数 x=F^{−1}(r)求得的 r:r=F^{−1}(r)即为所需要的满足条件的随机变量。

2）离散分布的反变换法。当 r 是离散型随机变量时，由于其随机变量的分布函数也是离散的，因此，直接通过反函数无法获得随机变量的抽样值。

假设离散随机变量 r 对应的取值为 $r_1,r_2,\cdots,r_n$ 的概率分别为 $P(r_1)$, $P(r_2),\cdots,P(r_n)$，其中 $0<P(r_i)<1$，且 $\sum_{i=1}^{n}P\left(r_i\right)=1$。

通过反变换法生成离散随机变量的方法如下：在[0,1]区间上，将其分成 n 个子区间，其值分别为 $P(r_1),P(r_2),\cdots,P(r_n)$，然后生成在[0,1]区间上满足均匀分布的独立随机数 u。根据随机数 u 的值落在的具体区间生成所需要的随机变

量 r_i。

具体实施步骤如下：①按 r_i 呈递增顺序排列 $P(r_i)(i=1,2,\cdots,N)$；②生成 u～$U(0,1)$；③求非负整数 I，满足 $\sum_{j=0}^{I-1}P(r_j)<u\leqslant\sum_{j=0}^{I}P(r_j)$；④令 $r=r_L$。

7.2.1.2 舍选法

对于连续分布的反变换法，我们往往会遇到以下困难：①分布函数难以显式地表达出 $F(r)$；②尽管存在 $F(r)$，但是 $F^{-1}(r)$ 不存在，即无法求出 $F^{-1}(r)$；③能够求出反函数，但是求解的过程过于复杂，计算量过大。

舍选法的本质是选出部分由均匀分布产生的随机数，使其成为满足给定分布的随机数，对于连续型或离散型的分布函数，都可以通过该方法求解。尤其是对于分布函数 $F(r)$ 的反函数难以显式表达的情形，该方法比较有效。考虑随机变量 r 的密度函数为 $f(r)$，假设 $f(r)$ 是有上界的，它的最大值为 M，$f(r)\leqslant M$，$M\geqslant 1$，r 的取值范围为[0,1]。如果独立产生一对区间[0,1]的均匀随机数 r_1 和 r_2，则 Mr_1 是在区间[0,M]均匀分布的随机变量，如果满足 $Mr_1\leqslant f(r_2)$，则选择 r_2 为所需要的随机变量，否则舍弃 r_2。

舍选法是根据 $f(r)$ 的特征规定一个函数 $t(r)$，对 $t(r)$ 的要求是：① $t(r)\geqslant f(r)$；② $\int_{-\infty}^{+\infty}t(r)dx=M<\infty$。这样，令 $u(r)=\frac{1}{M}t(r)$，则 $\int_{-\infty}^{+\infty}u(r)dr=\int_{-\infty}^{+\infty}\frac{1}{M}t(r)=1$，由此可以把它看作一个密度函数，并且用 $u(r)$ 替代 $f(r)$ 取样，从而得到所需要的随机变量。

舍选法生成随机变量的具体步骤为：①生成 u_1～$U(0,1)$；②由 $u(r)$ 独立地生成随机变量 u_2～$U(0,1)$；③检验 $u_1\leqslant\frac{f(u_2)}{t(u_2)}$，若满足，则令 $r=u_2$，否则返回第①步。

7.2.1.3 组合法

如果一个分布函数可以由其他分布函数组合而成，而且这些分布函数的特点是易于抽样，这种情况下大多运用组合法。

设随机变量 r 的分布函数 $F(r)$ 可表示为如下形式

$$F(r)=\sum_{j=1}^{\infty}P_jF_j(r) \tag{7.1}$$

其中，$P_j \geqslant 0$，$\sum_{j=1}^{\infty}P_j=1$，$F_j(r)$是不同于此类型的分布函数，也可以将随机变量 r 的密度函数表示为如下形式

$$f(r)=\sum_{j=1}^{\infty}P_jf_j(r) \tag{7.2}$$

其中，$f_j(r)$是某一类型的密度函数，与此对应的分布函数为$F_j(r)$。

由组合法生成随机变量的步骤如下：①求累积分布函数 $L_j=\sum_{i=1}^{j}P_i$，$1\leqslant j\leqslant M$，同时，令$L_0=0$；②在[0,1]区间上生成两个独立的满足均匀分布的随机数u_1和u_2；③若$L_{j-1}<u_1\leqslant L_j$，则$F(r)$的随机数从概率密度函数$f_j(r)$中获得，即由u_2得到服从$f_j(r)$的随机数r_i，并取$r=r_j$；④若生成的随机数已经满足要求，则停止 j，否则返回第②步。

7.2.2 生成幂律分布的随机变量

上一部分介绍了随机变量的生成方法，其中一种常用的方法是逆变换法。逆变换法也称直接抽样法。对反常动力学进行数值模拟时，需要生成满足各种各样概率分布的随机数。我们往往是基于均匀分布 $U(0,1)$的随机数获得所需概率分布的随机数。

若$F(x)$是严格单调上升的连续分布函数，这个函数存在反函数，将其记为$F^{-1}(x)$。假设随机变量 X 的分布函数为$F(x)$，定义$F^{-1}(y)=inf\{x:F(x)\geqslant y\}$；若假设随机变量 U 满足在(0,1)区间上均匀分布，那么有$X=F^{-1}(U)$的分布函数是$F(x)$。由此表明，通过对 $U(0,1)$的随机数序列进行变换能够获得任意分布的随机数，我们称满足 $U(0,1)$的随机数为均匀分布随机数。

使用逆变换法求解的具体步骤如下。

1）计算分布函数的反函数$F^{-1}(x)$。

2）生成在 $U(0,1)$区间上满足均匀分布的初始随机数 a。

3）令$x=F^{-1}(a)$，则 x 就是满足我们所求分布函数的随机数。

接下来，我们通过一个具体的例子来验证该方法的可行性。首先，假设满足柯西分布的概率密度函数为

$$f(x)=\frac{\gamma}{\pi\left[\gamma^2+(x-x_0)^2\right]} \tag{7.3}$$

在此，我们只考虑 $x_0=0$，$\gamma=1$的情况，则有

$$f(x)=\frac{1}{\pi(1+x^2)} \tag{7.4}$$

然后，对 x 求积分，就可得到分布函数

$$F^{-1}(x)=\tan\left[\left(x-\frac{1}{2}\right)x\right] \tag{7.5}$$

通过以上逆变换法的 3 个步骤进行数值模拟，生成结果如图 7.1 所示。

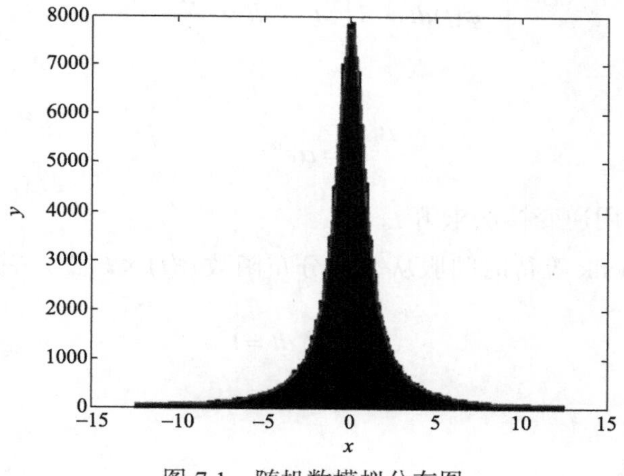

图 7.1 随机数模拟分布图

图 7.1 中，中间部分是数值模拟随机数的样本分布情况，曲线部分是柯西分布的理论概率密度函数值。由图 7.1 可以看出，通过逆变换法生成的随机数比较符合柯西分布。逆变换法实现起来比较简单，效率较高，但是该方法要求函数在定义域内的值必须处处严格大于 0，否则分布的反函数不存在，就无法使用该方法。有时，即使反函数存在，如果函数形式过于复杂，也会影响计算效率。

根据逆变换法和 Lévy walk 自身的特性，生成 Lévy walk 轨迹的步骤如下：

①生成在(0,1)区间上的均匀分布；②得到时间 t 的函数，$\varphi(t)\propto t^{-1-\alpha}$；③模拟轨迹$(i,j)$，其中，$i=vt\cos\theta$，$j=vt\sin\theta$。

Lévy walk 的表达式为

$$\psi(x,t)\propto\frac{1}{2}\delta\left(|x|-vt\right)\varphi(t) \tag{7.6}$$

其中，v 是速度，对于一维情形下的随机游走，跳跃步长是确定的，$\varphi(t)\sim\frac{1}{t^{1+\alpha}}$，$0<\alpha<2$。

由于该函数在原点处发散，即

$$\int_0^\infty\varphi(t)dt=\infty \tag{7.7}$$

根据归一化条件，有

$$\int_\epsilon^\infty\varphi(t)dt=A\int_\epsilon^\infty t^{-1-\alpha}dt=\frac{A}{\alpha\epsilon^\alpha}=1 \tag{7.8}$$

因此

$$A=\alpha\epsilon^\alpha \tag{7.9}$$

接下来，采用逆变换法求解 t。

根据 Lévy walk 等待时间服从幂律分布函数 $\varphi(t)\propto t^{-1-\alpha}$。首先进行归一化

$$C\int_\epsilon^\infty t^{-1-\alpha}dt=1 \tag{7.10}$$

得到

$$C=\alpha\epsilon^\alpha \tag{7.11}$$

然后，令

$$x=F(t)=\int_\epsilon^t\alpha\epsilon^\alpha t^{-1-\alpha}dt \tag{7.12}$$

则

$$t^{-1}=F(x)=\epsilon(1-x)^{-\alpha} \tag{7.13}$$

可得

$$t^{-\alpha} = -\epsilon^{-\alpha}(x-1) \tag{7.14}$$

等式两边取对数

$$\ln t^{-\alpha} = \ln(x-1) + \ln \epsilon^{\alpha} \tag{7.15}$$

可求出

$$t = e^{\frac{-1}{\alpha}}\left(\ln(x-1) + \ln \epsilon^{\alpha}\right) \tag{7.16}$$

图 7.2—图 7.5 是粒子游走轨迹图，其中 N 是移动步数，分别取 5000 和 10 000；v 表示粒子速度，分别取 1 或随机数；幂指数 α 分别取 1.6 和 1.8。

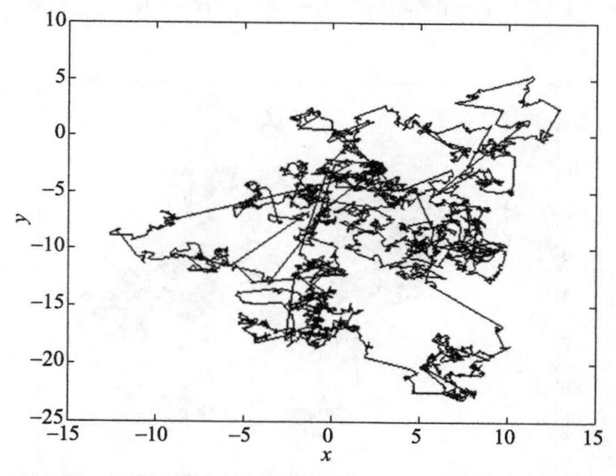

图 7.2　Lévy walk 轨迹（N=5000，$\alpha=1.6$，v=1）

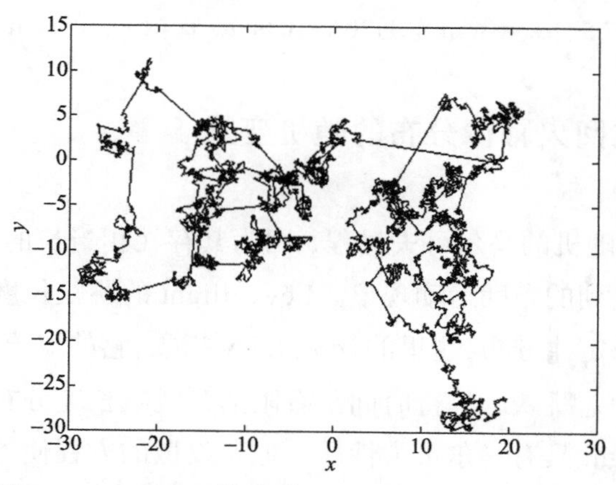

图 7.3　Lévy walk 轨迹（N=10 000，$\alpha=1.8$，v=1）

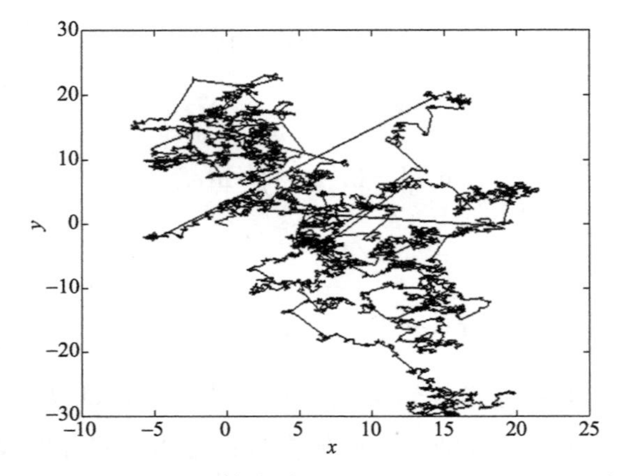

图 7.4　Lévy walk 轨迹（N=5000，$\alpha=1.6$，v=rand）

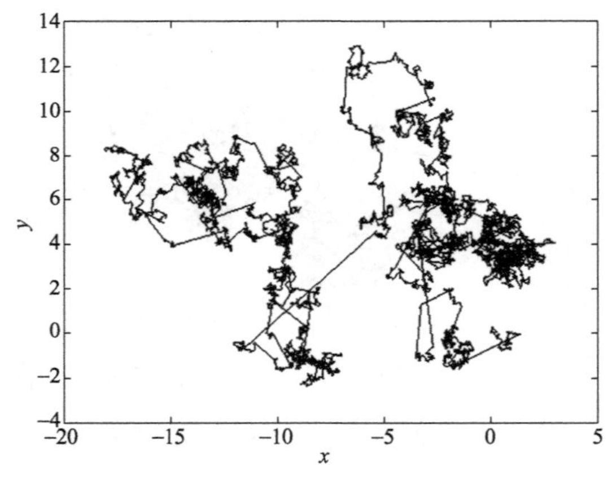

图 7.5　Lévy walk 轨迹（N=10 000，$\alpha=1.8$，v=rand）

7.2.3　生成回火幂律分布的随机变量

Lévy flight 是随机的马尔可夫过程，因为其存在相当长的跳跃时间，所以，它不同于我们常遇到的布朗运动现象。Lévy flight 的跳跃长度是满足一个长拖尾$|x|^{-1-\alpha}$的 Lévy 稳定律分布，这里的α是 Lévy 指数，它的取值范围是$0<\alpha<2$。Lévy flight 模型中，跳跃的等待时间是有限的，跳跃长度分布的二次矩是发散的。虽然 Lévy flight 具有马尔可夫性质，但是发散的方程使得它的应用领域受到一定的限制。

接下来将介绍 Acceptance-Rejection 算法，使用此算法能够生成服从$f(x)$分布的随机数，具体步骤如下。

1）选用某一概率密度函数为 $g(x)$的分布，使得对定义域内的任意 x 都有 $f(x) \leqslant cg(x)$，并且求出常数 c。

2）生成概率密度函数服从 $g(x)$分布的随机数，令生成的随机数为 x_0。

3）生成在(0,1)区间上满足均匀分布的随机数 y。

4）若 $y > \dfrac{f(x)}{cg(x)}$，则舍弃第二步生成的随机数 x_0；反之，保留第二步生成的随机数 x_0［服从 $f(x)$分布］，它就是我们需要的随机数。

Acceptance-Rejection 算法不需要计算概率密度函数的反函数，但也有其受限之处：①由于采用随机数 y 来判断是否舍去某个随机数 x_0，无法准确预知生成随机数的数量；②选择恰当的 $g(x)$分布是 Acceptance-Rejection 算法的关键，要求 $g(x)$不仅与 $f(x)$形似，而且要能够完全覆盖 $f(x)$。舍去的随机数越少，该方法的效率就越高。

本章考虑对概率密度函数 $\psi(x) \sim x^{-\alpha}$ 进行回火操作，即 $\psi(x) \sim e^{-\lambda x} x^{-\alpha}$，该操作对函数的自身性质没有本质影响。

$$\int_0^\infty e^{-\lambda x} x^{-\alpha} dx = \infty \tag{7.17}$$

当 x 较大时，根据 $\psi(x)$ 的渐进性质，有

$$\psi(x) \sim e^{-\lambda x} x^{-\alpha} \frac{x^\alpha}{x^\alpha + 1} \tag{7.18}$$

当 $x \to \infty$ 时，$\dfrac{x^\alpha}{x^\alpha + 1} \approx 1$，由此可得

$$\psi(x) \sim \frac{e^{-\lambda x}}{x^\alpha + 1} \tag{7.19}$$

下面对 $\psi(x)$ 进行归一化，以保证此函数为概率密度函数。令

$$p = \int_0^\infty \frac{e^{-\lambda x}}{x^\alpha + 1} dx \tag{7.20}$$

则有

$$\psi(x) \sim \frac{1}{p} \times \frac{e^{-\lambda x}}{x^{\alpha}+1} \tag{7.21}$$

式（7.21）是我们模拟时使用的概率密度函数，其中 p 是单位化因子。因为解析计算 p 是有难度的，所以，我们采用数值计算方法求解。

对于式（7.21），本章第一部分介绍的产生随机变量的方法，诸如逆变换法等在此行不通，因此我们采用以上介绍的 Acceptance-Rejection 算法生成满足回火幂律的随机变量。

设 $f(x)$和 $g(x)$都是集合 γ 上的概率密度函数，它们之间的关系是 $f(x) \leqslant cg(x)$，$c \geqslant 1$，$\forall x \in \gamma$。由 $g(x)$生成样本 X 是容易的，可以通过如下步骤生成 Y。

1）生成 $g(x)$的样本 X。

2）生成 $u \sim U(0,1)$ 的均匀分布，其中 U 和 X 是相互独立的。

3）若 $U \leqslant \frac{f(x)}{cg(x)}$，则取 $Y=X$，并且返回步骤 1）；反之，舍去 X，返回步骤 1）。

然后，对上述描述过程进行证明，产生随机数 Y 的概率密度函数 $f(x)$。对于任何 $A \in \gamma$，则有

$$P(Y \in A) = P(X \in A) \mid U \leqslant \frac{f(x)}{cg(x)} = \frac{P\left(X \in A, \frac{f(x)}{cg(x)}\right)}{P\left(U \leqslant \frac{f(x)}{cg(x)}\right)} \tag{7.22}$$

因为

$$P\left(U \leqslant \frac{f(x)}{cg(x)}\right) = \frac{1}{c} \tag{7.23}$$

可得

$$P(Y \in A) = cf(x)dx \tag{7.24}$$

即 Y 的概率密度函数为 $f(x)$。

根据上述证明，每次接受的概率为 $P\left(U \leqslant \frac{f(x)}{cg(x)}\right) = \frac{1}{c}$。也就是说，为了产生 $f(x)$的一个样本，就需要产生 c 个 $g(x)$和在(0,1)区间上均匀分布的样本。

此时，运用 Acceptance-Rejection 算法生成随机变量。首先，生成随机变量 y，

在此，$\varphi(y) \sim \lambda e^{-\lambda y}$，$y = \dfrac{-\log(u)}{\lambda}$。其中，$u$ 在[0,1]区间上均匀分布，其表达式为

$$\frac{\psi(x)}{\varphi(x)} = \frac{\dfrac{1}{p} e^{-\lambda x} \dfrac{1}{x^{\alpha}+1}}{\lambda e^{-\lambda x}} \leqslant \frac{1}{\lambda p} \tag{7.25}$$

令 $\dfrac{1}{\lambda p} = c$，Acceptance-Rejection 算法的主要步骤如下。

1）生成满足在[0,1]区间上的均匀分布 U_1，$Y = \dfrac{-\log(U_1)}{\lambda}$。

2）生成满足在[0,1]区间上的均匀分布 U_2。

3）计算 $\dfrac{\psi(Y)}{c\varphi(Y)}$。

4）如果 $U_2 < \dfrac{\psi(Y)}{c\varphi(Y)}$，则 $X = Y$；否则，继续返回步骤 1）和步骤 2）。

图 7.6 是根据上述描述的方法模拟粒子回火的 Lévy flight 轨迹图，其中 N=5000，$\lambda = 5$，$\alpha = 1.3$。

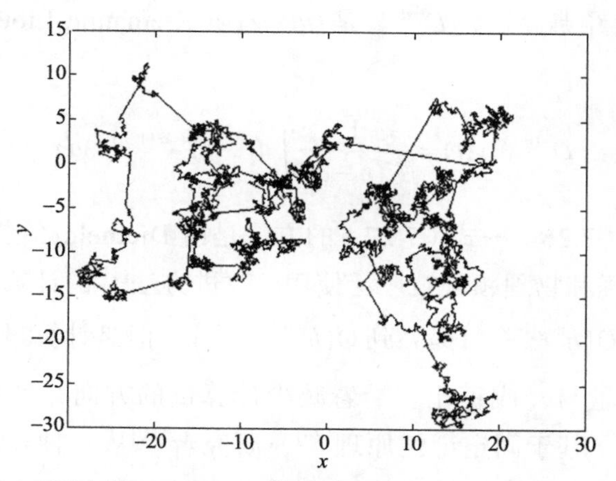

图 7.6　回火的 Lévy flight 轨迹（N=5000，$\lambda = 5$，$\alpha = 1.3$）

本章依据蒙特卡罗方法，通过逆变换法生成了满足柯西分布的概率密度函数。针对速度 v 恒定和随机两种情形，数值模拟了 Lévy walk 的粒子轨迹。此外，我们利用 Acceptance-Rejection 算法对回火幂律分布函数进行了变换，生成了回火幂律分布的随机变量，并对该方法的可行性进行了有效验证，实现了微观模型粒子游走的数值模拟。

7.3 等分布网格算法

7.3.1 分数阶微分方程

首先，考虑如下方程

$$D_*^{\alpha}x(t)=f\left(t,x(t)\right),0<t<T \tag{7.26}$$

初始条件为

$$x^{(k)}(0)=x_0^{(k)},k=0,1,\cdots,\alpha-1 \tag{7.27}$$

其中，$\alpha\in(0,\infty)$，$x_0^{(k)}$ 是任意实数，D_*^{α} 表示 Caputo 分数阶导数，定义为

$$D_*^{\alpha}y(t)=D^{-(n-\alpha)}D^n y(t) \tag{7.28}$$

其中，D^n 是 n 阶经典导数，$D^{-(n-\alpha)}$ 是 $(n-\alpha)$ 阶 Riemannn-Liouville 积分算子，记为

$$D^{-(n-\alpha)}y(t)=\frac{1}{\Gamma(n-\alpha)}\int_0^t(t-\tau)^{n-\alpha-1}y(\tau)d\tau \tag{7.29}$$

最早求解式（7.26）—式（7.27）的方法是由 Diethelm 等提出的预估–校正法，该方法在工程和物理领域被广泛使用。改进方法[11]的计算量至少减少了一半，计算精度从 $\mathrm{O}\left(h^{\min\{1+\alpha,2\}}\right)$ 提高到 $\mathrm{O}\left(h^{\min\{1+2\alpha,2\}}\right)$，但是计算量仍旧是 $\mathrm{O}(h^{-2})$，这也意味着计算量与 t^2 成正比。沿着减少计算量的方向，使用嵌套网格已经取得了一些进展。基于固定记忆原理[20]，研究者[10]从一种新的角度去理解短记忆原理，其中将范围扩展到 $\alpha\in(0,2)$。应用嵌套网格之后，在保证数值精度的前提下，计算量从 $\mathrm{O}(h^{-2})$ 降低到 $\mathrm{O}\left(h^{-1}\log\left(h^{-1}\right)\right)$，但是这更多的是理论分析而没有数值实验。最近，有研究者[21]介绍了另外一个新颖的想法，叫作 Jacobian 预估–校正法，该方法在保证计算量呈线性增长的同时，极大地提高了数值精度。

求解分数阶积分方程的方法有积分变换法和转化为求解常微分方程初值问题的方法等。在本章，我们运用等分布思想计算式（7.8）和式（7.9）的初

值问题。众所周知，分数阶算子是非局部算子，这在分析和讨论问题时会带来很大的麻烦。因此，我们的研究思路是考虑将分数阶微分方程转换成与其等价的 Volterra 积分方程。

首先，将式（7.26）和式（7.27）中的初值问题等价地写成 Volterra 积分方程[22]

$$
\begin{aligned}
x(t) &= \sum_{k=0}^{\lceil\alpha\rceil-1} x_0^{(k)} \frac{t^k}{k!} + \frac{1}{\Gamma(\alpha)} \int_0^t (t-\tau)^{\alpha-1} f\big(\tau, x(\tau)\big) d\tau \\
&:= x_0(t) + \frac{1}{\Gamma(\alpha)} \int_0^t (t-\tau)^{\alpha-1} f\big(\tau, x(\tau)\big) d\tau
\end{aligned} \tag{7.30}
$$

其中，$x_0(t) := \sum_{k=0}^{\lceil\alpha\rceil-1} x_0^{(k)} \frac{t^k}{k!}$。与 Volterra 积分方程等价的意义是，如果一个连续函数是式（7.26）和式（7.24）的初值问题的解，那么只有它是式（7.30）初值问题的解时，才能满足条件。对于均匀节点 $t_{n+1} = (n+1)h,\ n = 0,1,\cdots,N,\ h = \frac{T}{N}$ 是数值计算的步长，式（7.30）可以写成[10-11]

$$
\begin{aligned}
x(t_{n+1}) = x_0(t_{n+1}) &+ \frac{1}{\Gamma(\alpha)} \int_{t_n}^{t_{n+1}} (t_{n+1}-\tau)^{\alpha-1} f\big(\tau, x(\tau)\big) d\tau \\
&+ \frac{1}{\Gamma(\alpha)} \int_0^{t_n} (t_{n+1}-\tau)^{\alpha-1} f\big(\tau, x(\tau)\big) d\tau
\end{aligned} \tag{7.31}
$$

或

$$
\begin{aligned}
x(t_{n+1}) = x(t_n) + x_0(t_{n+1}) - x_0(t_n) &+ \frac{1}{\Gamma(\alpha)} \int_{t_n}^{t_{n+1}} (t_{n+1}-\tau)^{\alpha-1} f\big(\tau, x(\tau)\big) d\tau \\
&+ \frac{1}{\Gamma(\alpha)} \int_0^{t_n} \big((t_{n+1}-\tau)^{\alpha-1} - (t_n-\tau)^{\alpha-1}\big) f\big(\tau, x(\tau)\big) d\tau
\end{aligned} \tag{7.32}
$$

对于单步积分 $\int_{t_n}^{t_{n+1}} (t_{n+1}-\tau)^{\alpha-1} g(\tau) d\tau$，可以运用矩形或梯形公式计算积分，即应用数值逼近

$$
\int_{t_n}^{t_{n+1}} (t_{n+1}-\tau)^{\alpha-1} g(\tau) d\tau \approx \int_{t_n}^{t_{n+1}} (t_{n+1}-\tau)^{\alpha-1} g(t_n) d\tau = \frac{h^\alpha}{\alpha} g(t_n) \tag{7.33}
$$

或

$$\begin{aligned}&\int_{t_n}^{t_{n+1}}(t_{n+1}-\tau)^{\alpha-1}g(\tau)d\tau\\&\approx\int_{t_n}^{t_{n+1}}(t_{n+1}-\tau)^{\alpha-1}\frac{g(t_{n+1})(\tau-t_n)+g(t_n)(t_{n+1}-\tau)}{h}d\tau\\&=\frac{h^\alpha}{\alpha(\alpha+1)}[\alpha g(t_n)+g(t_{n+1})]\end{aligned} \tag{7.34}$$

因此，很显然，式（7.31）和式（7.32）的计算量主要来自项$\int_0^{t_n}d\tau$。当$t_{n+1}\to\infty$，积分核$(t_{n+1}-\tau)^{\alpha-1}$在$\alpha\in(0,1]$时衰减，衰减的次数为$1-\alpha$；积分核$(t_{n+1}-\tau)^{\alpha-1}-(t_n-\tau)^{\alpha-1}$在$\alpha\in(0,2]$时衰减，衰减的次数为$2-\alpha$。这就是所谓的短记忆原理[23]和研究者[10]从新的角度理解短记忆原理。本书运用核函数的衰减性减少计算量是基于等分布网格，而不是基于嵌套网格。

本章对网格的处理与 Diethelm 和 Freed[24]有些类似，但它们有本质的区别。事实上，本章设计的网格逼近项$\int_0^{t_n}d\tau$以及 Diethelm 和 Freed[24]使用的都是非均匀网格，同时它们的共同点是：离右端点t_n越远，步长越大。然而，Diethelm 和 Freed[24]的对数记忆性原理处理的区间仍旧是$[0,t_n]$，计算量是$O(N\log(N))$；而且，当$\alpha\in(0,1)$时，短记忆原理有效。与此同时，本书设计的网格是基于等分布思想，计算量随着时间t呈线性增长，此方法在$\alpha\in(0,2)$时有效。

需要注意的是，当$\alpha\in(0,1]$时，可以使用式（7.31）或式（7.32）的数值格式；当$\alpha\in(1,2]$时，使用式（7.32）的数值格式更有效[25]。

7.3.2 参数变化时的结果

7.3.2.1 当$\alpha\in(0,1]$时，计算式（7.31）

当$\alpha\in(0,1]$时，我们设计计算式（7.31）的积分核$(t_{n+1}-\tau)^{\alpha-1}$的计算格式。正如上面提到的，如何有效地计算$\int_0^{t_n}(t_{n+1}-\tau)^{\alpha-1}f(\tau,x(\tau))d\tau$，是减少计算量得到数值逼近$x(t_{n+1})$的关键。根据前文介绍的预估–校正法以及改进版本[11]，N步计算用于逼近积分$\int_0^{t_n}d\tau$。与此同时，注意$(t_{n+1}-\tau)^{\alpha-1}$的衰减次数为$1-\alpha$，我们选择较少的网格点。

$$0=\tau_{0,n}<\tau_{1,n}<\cdots<\tau_{m,n}=t_n \tag{7.35}$$

通过梯形公式逼近积分项$\int_0^{t_n} d\tau$。接下来，我们列出两种方法（等高节点分布法和等面积节点分布法）选择网格点$\{\tau_{i,n}\}$。

1. 选择求积节点的两种等分布法

假设我们已经得到点$\tau_{i,n}$，$0\leqslant i<m_n$。在不损失精度同时又能减少计算量的情况下，选择网格点$\{\tau_{i+1,n}\}$的第一种方法是基于下面的原则。首先，从τ_i至少一步到达$\tau_{i+1,n}$，函数值

$$y(\tau)=(t_{n+1}-\tau)^{\alpha-1} \tag{7.36}$$

尽可能等分布，即

$$\tilde{\tau}_{i+1,n}=\max\begin{cases}\text{solve}\left(\tilde{\tau}_{i+1,n}-\tau_{i,n}=h,\tilde{\tau}_{i+1,n}\right)\\ \text{solve}\left(y\left(\tilde{\tau}_{i+1,n}\right)-y\left(\tau_{i,n}\right)=\Delta y,\tilde{\tau}_{i+1,n}\right)\end{cases} \tag{7.37}$$

其中，Δy是小的正实数，'solve(equ,var)'；'var'求'equ'。例如，'$\text{solve}\left(y\left(\tilde{\tau}_{i+1,n}\right)-y\left(\tau_{i,n}\right)=\Delta y,\tilde{\tau}_{i+1,n}\right)$'的意思是求解

$$\left(t_{n+1}-\tilde{\tau}_{i+1,n}\right)^{\alpha-1}-\left(t_{n+1}-\tau_{i+1,n}\right)^{\alpha-1}=\Delta y \tag{7.38}$$

关于$\tilde{\tau}_{i+1,n}$，可以得到

$$\tilde{\tau}_{i+1,n}=t_{n+1}-\left[\left(t_{n+1}-\tau_{i+1,n}\right)^{\alpha-1}+\Delta y\right]^{\frac{1}{\alpha-1}} \tag{7.39}$$

为了避免涉及非等分布节点，我们采取

$$\tau_{i+1,n}=\left\lfloor\frac{\tilde{\tau}_{i+1,n}}{h}\right\rfloor h \tag{7.40}$$

很容易得到

$$(t_{n+1}-\tau_{i+1,n})^{\alpha-1}-(t_{n+1}-\tau_{i,n})^{\alpha-1}\leqslant\Delta y\text{，或}\tau_{i+1,n}=\tau_{i,n}+h \tag{7.41}$$

当$\Delta y=h=\dfrac{1}{10}$，$t_{n+1}=2$，$\alpha=0.2$时，在等高节点分布算法中，选择节点$\{\tau_i\}$和函数$y=\left(t_{n+1}-\tau\right)^{\alpha-1}$之间的关系如图7.7所示。

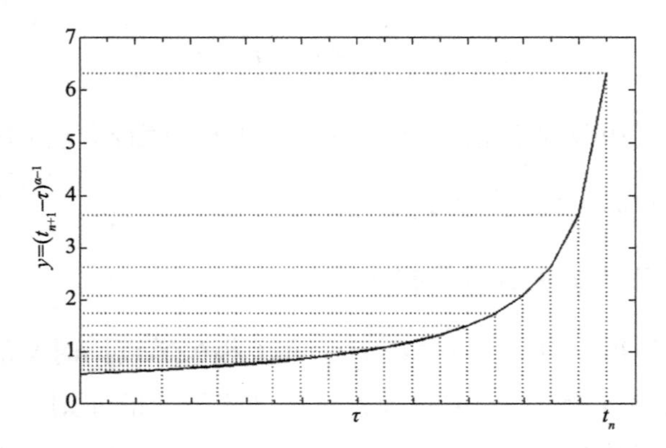

图 7.7 当 $\alpha = 0.2$ 时，在等高节点分布算法中选择节点和函数之间的关系

当 $\Delta y = h = \dfrac{1}{10}$，$t_{n+1} = 2$，$\alpha = 0.8$ 时，在等高节点分布算法中，选择节点 $\{\tau_i\}$ 和函数 $y = (t_{n+1} - \tau)^{\alpha-1}$ 之间的关系如图 7.8 所示。

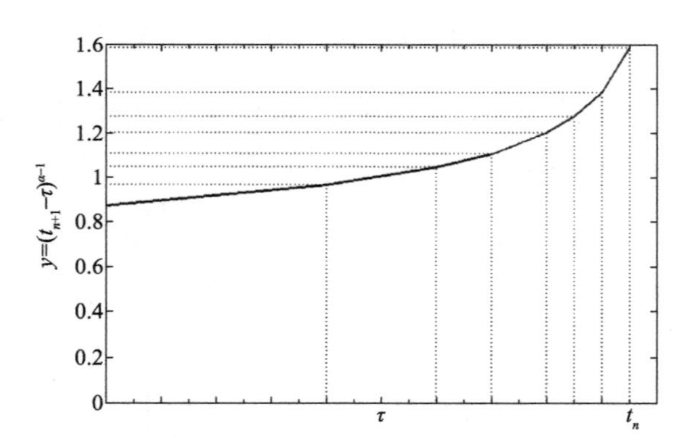

图 7.8 当 $\alpha = 0.8$ 时，在等高节点分布算法中选择节点和函数之间的关系

图 7.7—图 7.8 更清晰地证明了离散化的方法，我们可以看到邻近 t_n 时，$\tau_{i,n}$ 变成了等空间。

选择网格点 $\{\tau_{i,n}\}$ 的第二种方法是，使 $y(\tau) = (t_{n+1} - \tau)^{\alpha-1}$ 的积分关于 τ 在任意区间几乎是相同的，即

$$\tilde{\tau}_{i+1,n} = \max\left\{\text{solve}\left(\tilde{\tau}_{i+1,n} - \tau_{i,n} = h, \tilde{\tau}_{i+1,n}\right), \text{solve}\left(\int_{\tau_{i,n}}^{\tilde{\tau}_{i+1,n}} y(\tau) d\tau = \Delta s, \tilde{\tau}_{i+1,n}\right)\right\} \tag{7.42}$$

其中，Δs 是小的正实数。例如，$\text{solve}\left(\int_{\tau_{i,n}}^{\tilde{\tau}_{i+1,n}} y(\tau)d\tau = \Delta s, \tilde{\tau}_{i+1,n}\right)$ 的意思是解

$$\int_{\tau_{i,n}}^{\tilde{\tau}_{i+1,n}} (t_{n+1} - \tau)^{\alpha-1} d\tau = \Delta s \tag{7.43}$$

关于 $\tilde{\tau}_{i+1,n}$，可以得到

$$\tilde{\tau}_{i+1,n} = t_{n+1} - \left[(t_{n+1} - \tau_{i,n})^{\alpha} - \alpha\Delta s\right]^{\frac{1}{\alpha}} \tag{7.44}$$

然后取

$$\tau_{i+1,n} = \left\lfloor \frac{\tilde{\tau}_{i+1,n}}{h} \right\rfloor h \tag{7.45}$$

$\tau_{i+1,n}$ 属于均匀节点 $\{t_j\}_{j=0}^{n}$，有

$$(t_{n+1} - \tau_{i,n})^{\alpha} \leqslant (t_{n+1} - \tau_{i+1,n})^{\alpha} + \alpha\Delta s, \text{或}\ \tau_{i+1,n} = \tau_{i,n} + h \tag{7.46}$$

当 $h = \frac{1}{10}$，$\Delta s = 2h$，$t_{n+1} = 2$，$\alpha = 0.2$, 在等面积节点分布算法中，选择节点 $\{\tau_i\}$ 和函数 $y = (t_{n+1} - \tau)^{\alpha-1}$ 之间的关系如图 7.9 所示。

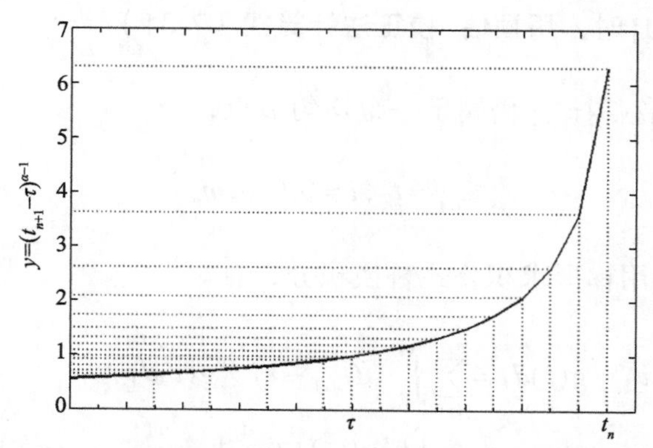

图 7.9　当 $\alpha = 0.2$ 时，在等面积节点分布算法中选择节点和函数之间的关系

当 $h = \frac{1}{10}$，$\Delta s = 2h$，$t_{n+1} = 2$，$\alpha = 0.8$, 在等面积节点分布算法中，选择节点 $\{\tau_i\}$ 和函数 $y = (t_{n+1} - \tau)^{\alpha-1}$ 之间的关系如图 7.10 所示。

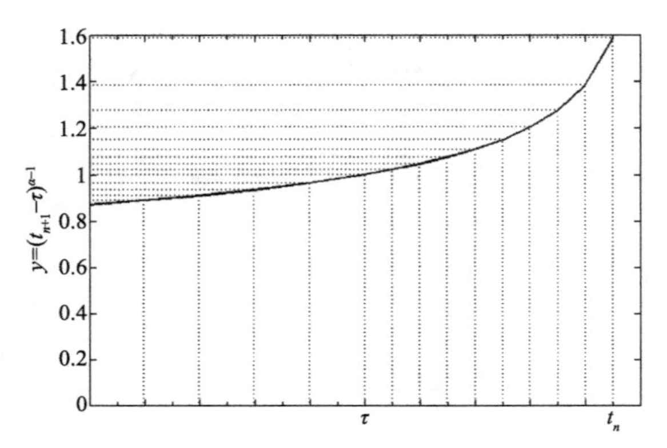

图 7.10　当 $\alpha=0.8$ 时，在等面积节点分布算法中选择节点和函数之间的关系

图 7.9—图 7.10 更具体地表明用等面积节点分布法选择网格点 $\{\tau_{i,n}\}$ 的标准，从中可以看出 $\{\tau_{i,n}\}$ 接近 t_n 时转为等间隔。

从图 7.7—图 7.10 中我们可以看到，α 越小，函数 $y(\tau)=(t_{n+1}-\tau)^{\alpha-1}$ 的曲线越陡，对于等高节点分布法固定 h 和 Δy 或对于等面积节点分布法固定 Δs，α 越大，被选择的求积节点 $\{\tau_{i,n}\}$ 越少。这与 Diethelm 和 Freed[24]提出的预估–校正法或改进版本不同，通过使用所有固定网格点 $\{t_i\}_{i=0}^{n}$ 并且改变 α 的值，积分 $\int_0^{t_n} d\tau$ 的逼近与节点数无关。

2. 当 $\alpha\in(0,1]$ 时，用预估–校正法计算式（7.31）

由于选择网格点 $\{\tau_{i,n}\}$ 仍属于一组均匀节点，记

$$\tau_{i,n}=t_{n_i},\ i=0,1,\cdots,m_n \tag{7.47}$$

其中，$t_i=ih$。使用梯形求积公式替换积分，有

$$\begin{aligned}\int_0^{t_n}(t_{n+1}-\tau)^{\alpha-1}g(\tau)d\tau&=\sum_{i=0}^{m_n-1}\int_{\tau_{i,n}}^{\tau_{i+1,n}}(t_{n+1}-\tau)^{\alpha-1}g(\tau)d\tau\\&=\sum_{i=1}^{m_n-1}\frac{h^\alpha g(t_{n_i})}{\alpha(\alpha+1)}\left[\frac{(n+1-n_{i+1})^{\alpha+1}-(n+1-n_i)^{\alpha+1}}{n_{i+1}-n_i}\right.\\&\quad\left.-\frac{(n+1-n_i)^{\alpha+1}-(n+1-n_{i-1})^{\alpha+1}}{n_i-n_{i-1}}\right]+\frac{h^\alpha g(t_{n_i})}{\alpha(\alpha+1)}\end{aligned}$$

$$\left\{(n+1-n_1)^{\alpha+1}-(n+1)^{\alpha}\left[n+1-(\alpha+1)n_1\right]\right\}+\frac{h^{\alpha}g(t_n)}{(n-n_{m_n-1})\alpha(\alpha+1)} \\ \left\{(n+1-n_{m_n-1})^{\alpha+1}-(\alpha+1)(n-n_{m_n-1})-1\right\} \tag{7.48}$$

假设逼近 $x_j \approx x(t_j), j=1,2,\cdots,n$，结合式（7.13）和式（7.14）进一步逼近，当 $\alpha \in (0,1]$ 时，用预估–校正法计算 $x_{n+1} \approx x\left(t_{n+1}\right)$，具体可分为以下两种情形。

1）情形 1 $(n=0)$：

$$\begin{cases} x_1^{P_r}=x_0(t_1)+\dfrac{h^{\alpha}}{\Gamma(\alpha+1)}f(0,x_0) \\ x_1=x_0(t_1)+\dfrac{h^{\alpha}}{\Gamma(\alpha+1)}\left[f(h,x_1^{P_r})+af(0,x_0)\right] \end{cases} \tag{7.49}$$

2）情形 2 $(n\geqslant 1)$：

$$\begin{cases} x_{n+1}^{P_r}=x_0(t_{n+1})+\dfrac{h^{\alpha}}{\Gamma(\alpha+2)}\left[\displaystyle\sum_{i=0}^{m_n}a_{i,\,n+1}f(t_{n_i},x_{n_i})+(a+1)f(t_n,x_n)\right] \\ x_{n+1}=x_0(t_{n+1})+\dfrac{h^{\alpha}}{\Gamma(\alpha+2)}\left[\displaystyle\sum_{i=0}^{m_n}a_{i,\,n+1}f(t_{n_i},x_{n_i})+af(t_n,x_n)+f(t_{n+1},x_{n+1}^{P_r})\right] \end{cases} \tag{7.50}$$

其中

$$a_{i,\,n+1}=\begin{cases} \dfrac{1}{n_1}\left\{(n+1-n_1)^{a+1}-(n+1)^{a}\left[n+1-(a+1)n_1\right]\right\},\ i=0 \\ \dfrac{(n+1-n_{i+1})^{a+1}-(n+1-n_i)^{a+1}}{n_{i+1}-n_i}-\dfrac{(n+1-n_i)^{a+1}-(n+1-n_{i-1})^{a+1}}{n_i-n_{i-1}},\ 1\leqslant i\leqslant m_n-1 \\ \dfrac{1}{n-n_{m_n-1}}\left[(n+1-n_{m_n-1})^{a+1}-(n+1-n_{m_n-1})\right]-a,\ \ i=m_n \end{cases} \tag{7.51}$$

如果采用的是非等分布原理，即 $n_i=i$，Deng[11]用预估–校正法描述了式（7.31）并通过计算得到 $x_{n+1}\approx x(t_{n+1})$，具体可分为以下两种情形。

1）情形 1 $(n=0)$：与式（7.49）相同。

2）情形 2 $(n\geqslant 1)$：

$$\begin{cases} x_{n+1}^{P_r}=x_0(t_{n+1})+\dfrac{h^{\alpha}}{\Gamma(\alpha+2)}\left[\displaystyle\sum_{i=0}^{n}d_{j,\,n+1}f(t_j,x_j)+(a+1)f(t_n,x_n)\right] \\ x_{n+1}=x_0(t_{n+1})+\dfrac{h^{\alpha}}{\Gamma(\alpha+2)}\left[\displaystyle\sum_{j=0}^{m_n}d_{j,\,n+1}f(t_j,x_j)+af(t_n,x_n)+f(t_{n+1},x_{n+1}^{P_r})\right] \end{cases} \tag{7.52}$$

其中

$$a_{i,\,n+1}=\begin{cases}n^{a+1}-(n+1)^{a}(n-a), & j=0\\(n-j)^{a+1}-2(n+j-1)^{a+1}+(n+2-j)^{a+1}, & 1\leqslant j\leqslant n-1\\2^{a+1}-a-2, & j=n\end{cases}\qquad(7.53)$$

3. 数值格式式（7.49）—式（7.50）的逼近精度

本节介绍当 $\alpha\in(0,1]$ 时，对式（7.49）—式（7.50）做简单的逼近误差分析。首先，我们表示

$$a_{i,n+1}^{l}:=\begin{cases}0, & i=0\\\dfrac{(n+1-n_{i-1})^{a+1}-(n+1-n_i)^{a}\left[n+1-n_i+(a+1)(n_i-n_{i-1})\right]}{n_i-n_{i-1}}, & 1\leqslant i\leqslant m_n\end{cases}\qquad(7.54)$$

和

$$a_{i,n+1}^{r}:=\begin{cases}\dfrac{(n+1-n_{i+1})^{a+1}-(n+1-n_i)^{a}\left[n+1-n_i+(a+1)(n_{i+1}-n_i)\right]}{n_{i+1}-n_i}, & 0\leqslant i\leqslant m_n-1\\0, & i=m_n\end{cases}$$

$$(7.55)$$

根据式（7.38），我们知道

$$\frac{h^{\alpha}}{\alpha(\alpha+1)}a_{i,n+1}^{l}=\frac{1}{t_{n_i}-t_{n_{i-1}}}\int_{t_{n_{i-1}}}^{t_{n_i}}(t_{n+1}-\tau)^{\alpha-1}(\tau-t_{n_{i-1}})d\tau,\ 1\leqslant i\leqslant m_n\qquad(7.56)$$

和

$$\frac{h^{\alpha}}{\alpha(\alpha+1)}a_{i,n+1}^{r}=\frac{1}{t_{n_{i+1}}-t_{n_i}}\int_{t_{n_i}}^{t_{n_{i+1}}}(t_{n+1}-\tau)^{\alpha-1}(t_{n_{i+1}}-\tau)d\tau,\ 0\leqslant i\leqslant m_n-1\qquad(7.57)$$

因此

$$a_{i,n+1}^{l}\geqslant 0\text{ 和 }a_{i,n+1}^{r}\geqslant 0,\ i=0,1,\cdots,m_n\qquad(7.58)$$

初步计算表明

$$a_{i,n+1}=a_{i,n+1}^{l}+a_{i,n+1}^{r},\ i=0,1,\cdots,m_n\qquad(7.59)$$

并且

$$\sum_{i=0}^{m_n} a_{i,n+1} = \sum_{i=0}^{m_n-1} a_{i,n+1}^r + a_{i+1,n+1}^l \tag{7.60}$$

其中 $a_{i,n+1}, 0 \leqslant i \leqslant m_n$。

相应地，当 $n_j = j$ 时，我们介绍记号 $d_{j,n+1}^l$ 和 $d_{j,n+1}^r$，当 $0 \leqslant j \leqslant n$，有

$$d_{j,n+1}^l \geqslant 0,\ d_{j,n+1}^r \geqslant 0,\ j = 0,1,\cdots,n \tag{7.61}$$

$$d_{j,n+1} = d_{j,n+1}^l + d_{j,n+1}^r,\ j = 0,1,\cdots,n \tag{7.62}$$

并且

$$\sum_{j=0}^{n} d_{j,n+1} = \sum_{j=0}^{n-1} d_{j,n+1}^r + d_{j+1,n+1}^l = \sum_{i=0}^{m_n-1}\left(\sum_{j=n_i}^{n_{i+1}-1} d_{j,n+1}^r + d_{j+1,n+1}^r\right) \tag{7.63}$$

其中，$d_{j,n+1}$，$0 \leqslant j \leqslant n$。

$$\int_{t_{n_i}}^{t_{n_{i+1}}} (t_{n+1} - \tau)^{\alpha-1} g(\tau) \approx \int_{t_{n_i}}^{t_{n_{i+1}}} (t_{n+1} - \tau)^{\alpha-1} \tilde{g}_{1,i}(\tau)\left(:= \frac{h^\alpha}{\alpha(\alpha+1)}\left[a_{i,n+1}^r g(t_{n_i}) + a_{i+1,n+1}^l g(t_{n_{i+1}})\right]\right) \tag{7.64}$$

或

$$\approx \int_{t_{n_i}}^{t_{n_{i+1}}} (t_{n+1} - \tau)^{\alpha-1} \tilde{g}_{2,i}(\tau)\left(:= \frac{h^\alpha}{\alpha(\alpha+1)}\left[\sum_{j=n_i}^{n_{i+1}-1} d_{j,n+1}^r g(t_j) + d_{j+1,n+1}^l g(t_{j+1})\right]\right) \tag{7.65}$$

其中，$\tilde{g}_{1,i}$ 和 $\tilde{g}_{2,i}$ 分别是 g 在节点 $t_j, j = n_i, n_{i+1}$ 和 $t_j, j = n_i, \cdots, n_{i+1}$ 处的线性插值函数，令 $g(t) \equiv 1$，可得

$$a_{i,n+1}^r + a_{i+1,n+1}^l = \sum_{j=n_i}^{n_{i+1}-1} d_{j,n+1}^r + d_{j+1,n+1}^l = (\alpha+1)\left[(n+1-n_i)^\alpha - (n+1-n_{i+1})^\alpha\right],\ 0 \leqslant i \leqslant m_n - 1 \tag{7.66}$$

此外，结合式（7.60）和式（7.64），可得到

$$\sum_{i=0}^{m_n} a_{i,n+1} = \sum_{j=0}^{n} d_{j,n+1} = (\alpha+1)\left[(n+1)^\alpha - 1\right] \tag{7.67}$$

为了进行进一步分析，我们在此列出 Deng[11]研究中的基本结果。

引理 7.1：假设 $g(t) \in C^2[0,T]$ 对于 T 和 $\alpha \in (0,1]$，那么有

$$\left|\int_0^{t_{n+1}}(t_{n+1}-\tau)^{\alpha-1}g(\tau)d\tau-\frac{h^\alpha}{\alpha(\alpha+1)}\left[\sum_{j=0}^{n}d_{j,n+1}g(t_j)+(\alpha+1)g(t_n)\right]\right|\leqslant Ch^{1+\alpha} \quad (7.68)$$

和

$$\left|\int_0^{t_{n+1}}(t_{n+1}-\tau)^{\alpha-1}g(\tau)d\tau-\frac{h^\alpha}{\alpha(\alpha+1)}\left[\sum_{j=0}^{n}d_{j,n+1}g(t_j)+\alpha g(t_n)+g(t_{n+1})\right]\right|\leqslant Ch^2 \quad (7.69)$$

引理 7.2：假设 $g(t)\in C^1[0,T]$ 对于 T 和 $\alpha\in(0,1]$，那么有

$$\left|\frac{h^\alpha}{\alpha(\alpha+1)}\sum_{j=0}^{n}d_{j,n+1}g(t_j)-\frac{h^\alpha}{\alpha(\alpha+1)}\sum_{i=0}^{m_n}a_{i,n+1}g(t_{n_i})\right|\leqslant C\Delta s \quad (7.70)$$

对于等面积节点分布法

$$\left|\frac{h^\alpha}{\alpha(\alpha+1)}\sum_{j=0}^{n}d_{j,n+1}g(t_j)-\frac{h^\alpha}{\alpha(\alpha+1)}\sum_{i=0}^{m_n}a_{i,n+1}g(t_{n_i})\right|\leqslant C\frac{\Delta y}{h} \quad (7.71)$$

对于等长节点分布法，特别地，当 $\Delta s=O(h^2)$ 或 $\Delta y=O(h^3)$ 时，那么

$$\left|\frac{h^\alpha}{\alpha(\alpha+1)}\sum_{j=0}^{n}d_{j,n+1}g(t_j)-\frac{h^\alpha}{\alpha(\alpha+1)}\sum_{i=0}^{m_n}a_{i,n+1}g(t_{n_i})\right|\leqslant Ch^2 \quad (7.72)$$

对分数阶初值问题进行分析，假设式（7.26）的 $f(t,x(t))\in C^2[0,T]$，对于 T，$\Delta s=O(h^2)$ 或 $\Delta y=O(h^3)$。那么，对于式（7.49）—式（7.50），有

$$\max_{0\leqslant n\leqslant N}\left|x(t_n)-x_n\right|=\begin{cases}O(h^2), & \alpha\geqslant 0.5\\ O(h^{1+2\alpha}), & 0<\alpha<0.5\end{cases} \quad (7.73)$$

在实际计算中，引理 7.1 和引理 7.2 中，Δs 或 Δy 的限制可以放宽，在下面的数值实验部分，我们将看到当 $\Delta s=O(h)$ 或 $\Delta y=O(h)$ 时，可以得到我们所需要的数值精度。

7.3.2.2 当 $\alpha\in(0,2)$ 时，计算式（7.32）

当 $\alpha\in(0,2)$ 时，运用预估–校正法计算式（7.32）。短记忆原理[10]表明，积分核 $(t_{n+1}-\tau)^{\alpha-1}-(t_n-\tau)^{\alpha-1}$ 在 $\alpha\in(0,2)$ 时衰减，衰减的次数为 $2-\alpha$。基于这种情况，与当 $\alpha\in(0,1]$ 时计算式（7.31）类似，利用梯形求积公式逼近积分

$\int_0^{t_n}\left((t_{n+1}-\tau)^{\alpha-1}-(t_n-\tau)^{\alpha-1}\right)g(\tau)d\tau$。

假设选择的点 $\{\tau_{i,n}\}$ 是式（7.35）的序列，已经得到节点 $\tau_{i,n}, 0\leqslant i\leqslant m_n$。选择下一个节点 $\tau_{i+1,n}$ 的直观方法，类似于等高节点分布原理。首先，令

$$\left[(t_{n+1}-\tilde{\tau}_{i+1,n})^{\alpha-1}-(t_n-\tilde{\tau}_{i+1,n})^{\alpha-1}\right]-\left[(t_{n+1}-\tau)^{\alpha-1}-(t_n-\tau)^{\alpha-1}\right]=(-1)^{\lceil\alpha\rceil}\Delta y \quad (7.74)$$

其中，Δy 是小的正实数。如果 $\alpha\in(0,1)$，式（7.74）的右边可以看作 $-\Delta y$，因此，式（7.74）的左边是负数；否则，如果 $\alpha\in(1,2)$，可以用 Δy 替换，即

$$\begin{aligned}&\left[t_{n+1}-\tau_{i,n}-(\tilde{\tau}_{i+1,n}-\tau_{i,n})\right]^{\alpha-1}-(t_{n+1}-\tau_i)^{\alpha-1}\\&=\left[t_n-\tau_{i,n}-(\tilde{\tau}_{i+1,n}-\tau_{i,n})\right]^{\alpha-1}-(t_n-\tau_{i,n})^{\alpha-1}+(-1)^{\lceil\alpha\rceil}\Delta y\end{aligned} \quad (7.75)$$

因为上面的方程是关于 $\tilde{\tau}_{i+1,n}$ 非线性的，我们使用它的线性部分代替想要选择的点，即令 $\tilde{\tau}_{i+1,n}$ 满足

$$\tilde{\tau}_{i+1,n}=\max\begin{cases}\text{solve}(\tilde{\tau}_{i+1,n}-\tau_{i,n}=h-\tilde{\tau}_{i+1,n})\\ \text{solve}\left((\alpha-1)(\tilde{\tau}_{i+1,n}-\tau_{i,n})\left[(t_n-\tau_{i,n})^{\alpha-2}-(t_{n+1}-\tau_{i,n})^{\alpha-2}\right]=(-1)^{\lceil\alpha\rceil}\Delta y,\tilde{\tau}_{i+1,n}\right)\end{cases}$$

（7.76）

为了避免有非等高分布节点，令

$$\tau_{i+1,n}=\frac{\tilde{\tau}_{i+1,n}}{h}\times h \quad (7.77)$$

当 $h=\frac{1}{10}$，$\Delta y=\frac{h}{5}$，$t_{n+1}=2$，$\alpha=0.2$时，在等高节点分布算法中，选择节点 $\{\tau_i\}$ 和函数 $y=(t_n-\tau)^{\alpha-1}-(t_{n+1}-\tau)^{\alpha-1}$ 之间的关系如图 7.11 所示。

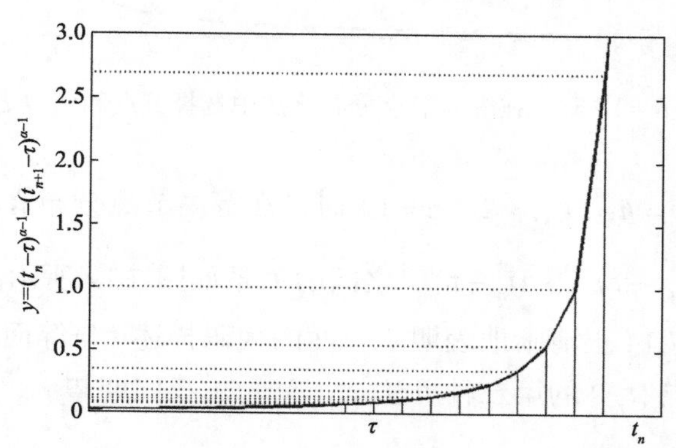

图 7.11 当 $\alpha=0.2$ 时，在等高节点分布算法中选择节点和函数之间的关系

当$h=\frac{1}{10}$，$\Delta y=hy$，$t_{n+1}=2$，$\alpha=0.8$时，在等高节点分布算法中，选择节点$\{\tau_i\}$和函数$y=(t_n-\tau)^{\alpha-1}-(t_{n+1}-\tau)^{\alpha-1}$之间的关系如图 7.12 所示。

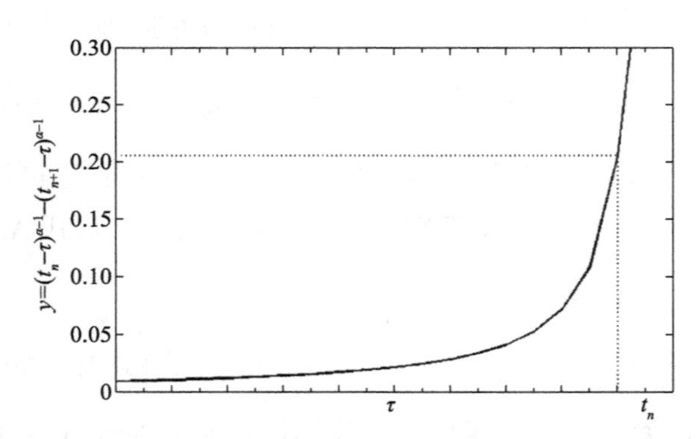

图 7.12　当$\alpha=0.8$时，在等高节点分布算法中选择节点和函数之间的关系

当 $h=\frac{1}{10}$，$\Delta y=hy$，$t_{n+1}=2$，$\alpha=1.2$时，在等高节点分布算法中，选择节点$\{\tau_i\}$和函数$y=(t_{n+1}-\tau)^{\alpha-1}-(t_n-\tau)^{\alpha-1}$之间的关系如图 7.13 所示。

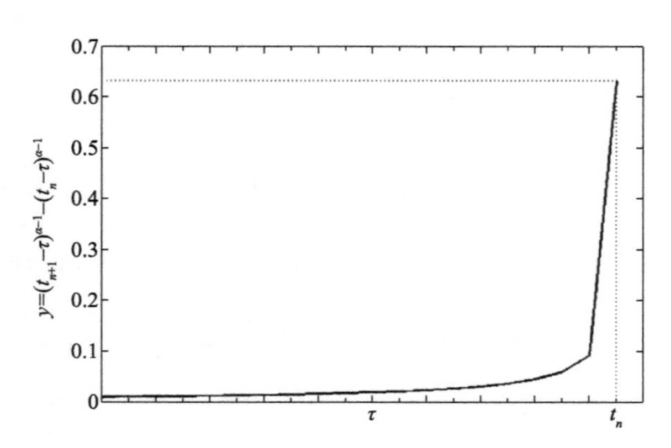

图 7.13　当$\alpha=1.2$时，在等高节点分布算法中选择节点和函数之间的关系

当 $h=\frac{1}{10}$，$\Delta y=hy$，$t_{n+1}=2$，$\alpha=1.8$时，在等高节点分布算法中，选择节点$\{\tau_i\}$和函数$y=(t_{n+1}-\tau)^{\alpha-1}-(t_n-\tau)^{\alpha-1}$之间的关系如图 7.14 所示。

图 7.11—图 7.14 很清晰地表明了上面的代码描述。与等面积节点分布思想类似，选择网格点$\{\tau_{i,n}\}$的第二种方法是，首先，我们期望

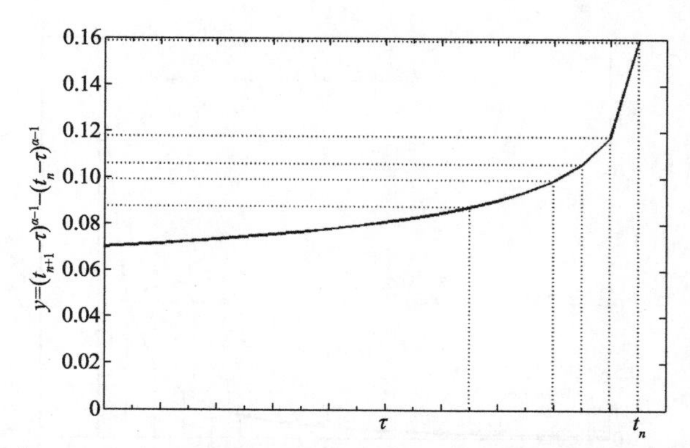

图 7.14 当 $\alpha=1.8$ 时，在等高节点分布算法中选择节点和函数之间的关系

$$\int_0^{\tilde{\tau}_{i+1,n}}\left[(t_{n+1}-\tau)^{\alpha-1}-(t_n-\tau)^{\alpha-1}\right]d\tau-\int_0^{\tau_{i,n}}\left[(t_{n+1}-\tau)^{\alpha-1}-(t_n-\tau)^{\alpha-1}\right]d\tau=(-1)^{\lceil\alpha\rceil}\Delta s \tag{7.78}$$

其中，Δs 是正实数，如果 $\alpha\in(0,1)$，用 $-\Delta s$；如果 $\alpha\in(1,2)$，则用 Δs，即

$$\begin{aligned}&\left[(t_{n+1}-\tau_{i,n})^{\alpha}-\left(t_{n+1}-\tau_{i,n}-(\tilde{\tau}_{i+1,n}-\tau_{i,n})\right)^{\alpha}\right]\\&=\left[(t_n-\tau_{i,n})^{\alpha}-\left(t_n-\tau_{i,n}-(\tilde{\tau}_{i+1,n}-\tau_{i,n})\right)^{\alpha}\right]+(-1)^{\lceil\alpha\rceil}\alpha\Delta s\end{aligned} \tag{7.79}$$

其次，式（7.79）是关于 $\tilde{\tau}_{i+1,n}$ 非线性的，我们解它的线性部分，令

$$\tilde{\tau}_{i+1,n}=\max\begin{cases}\text{solve}(\tilde{\tau}_{i+1,n}-\tau_{i,n}=h,\tilde{\tau}_{i+1,n})\\\text{solve}\left((\tilde{\tau}_{i+1,n}-\tau_{i,n})\left[(t_{n+1}-\tau_{i,n})^{\alpha-1}-(t_n-\tau_{i,n})^{\alpha-1}\right]=(-1)^{\lceil\alpha\rceil}\Delta s,\tilde{\tau}_{i+1,n}\right)\end{cases} \tag{7.80}$$

其中，为了避免有非等高分布节点，令

$$\tau_{i+1,n}=\frac{\tilde{\tau}_{i+1,n}}{h}h \tag{7.81}$$

其中，$\tau_{i+1,n}$ 属于 $\{t_j\}_{j=0}^{n}$ 的均匀节点。

当 $h=\dfrac{1}{10}$，$\Delta s=hs$，$t_{n+1}=2$，$\alpha=0.2$ 时，在等面积节点分布算法中，选择节点 $\{\tau_i\}$ 和函数 $y=(t_n-\tau)^{\alpha-1}-(t_{n+1}-\tau)^{\alpha-1}$ 之间的关系如图 7.15 所示。

当 $h=\dfrac{1}{10}$，$\Delta s=hs$，$t_{n+1}=2$，$\alpha=0.8$ 时，在等面积节点分布算法中，选择节点 $\{\tau_i\}$ 和函数 $y=(t_n-\tau)^{\alpha-1}-(t_{n+1}-\tau)^{\alpha-1}$ 之间的关系如图 7.16 所示。

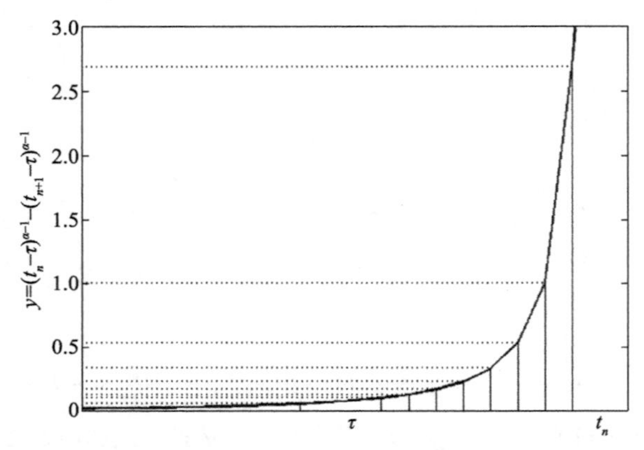

图 7.15　当 $\alpha=0.2$ 时，在等面积节点分布算法中选择节点和函数之间的关系

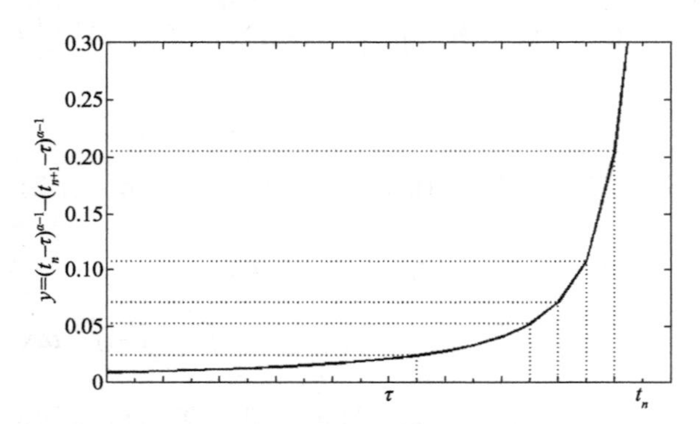

图 7.16　当 $\alpha=0.8$ 时，在等面积节点分布算法中选择节点和函数之间的关系

当 $h=\dfrac{1}{10}$，$\Delta s=\dfrac{h}{5}$，$t_{n+1}=2$，$\alpha=1.2$ 时，在等面积节点分布算法中，选择节点 $\{\tau_i\}$ 和函数 $y=(t_{n+1}-\tau)^{\alpha-1}-(t_n-\tau)^{\alpha-1}$ 之间的关系如图 7.17 所示。

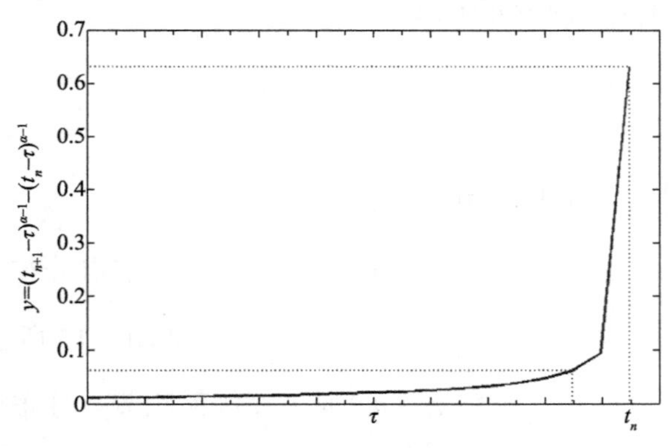

图 7.17　当 $\alpha=1.2$ 时，在等面积节点分布算法中选择节点和函数之间的关系

当 $h=\dfrac{1}{10}$，$\Delta s=hs$，$t_{n+1}=2$，$\alpha=1.8$ 时，在等面积节点分布算法中，选择节点 $\{\tau_i\}$ 和函数 $y=(t_{n+1}-\tau)^{\alpha-1}-(t_n-\tau)^{\alpha-1}$ 之间的关系如图 7.18 所示。

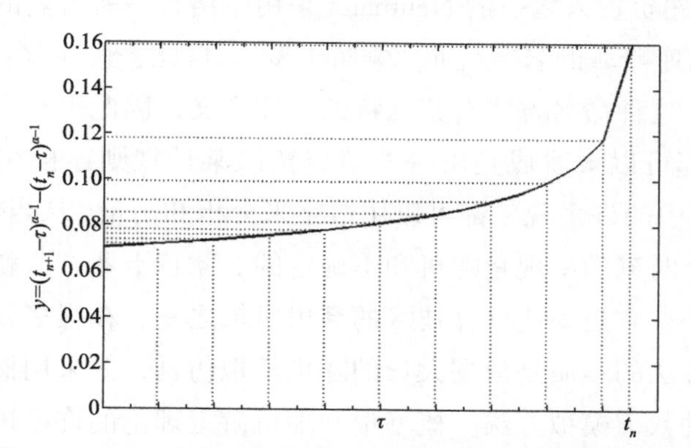

图 7.18　当 $\alpha=1.8$ 时，在等面积节点分布算法中选择节点和函数之间的关系

从图 7.15—图 7.18 我们能够看到，用等面积节点分布法能够更好地选择网格点 $\{\tau_{i,n}\}$。

从图 7.15—图 7.18 中可以看出，当 α 接近 1 时，等高节点分布法中的固定 h 和 Δy，或者在对等面积节点分布法中固定 Δs，与 $\alpha\in(0,1]$ 时的函数 $y(\tau)=(t_{n+1}-\tau)^{\alpha-1}$ 不同。函数 $y(\tau)=(t_{n+1}-\tau)^{\alpha-1}-(t_n-\tau)^{\alpha-1}$ 在靠近 t_n 区域时变化得快，与此同时，当远离 t_n 时，函数变化得慢。因此，当 α 接近 1 时，被选择的求积节点 $\{\tau_{i,n}\}$ 就越少。其中，积分项 $\int_0^{t_n}d\tau$ 总是在固定网格 $\{t_j\}_{j=0}^{n}$ 逼近，且节点数与 α 值无关。

7.4　复杂系统中的数值方法

7.4.1　蒙特卡罗方法

18 世纪末期，蒲丰为了计算圆周率 π，自己进行了一个小的有关投针的实验，并把它命名为“蒙特卡罗”。后来，在美国的一个有关原子弹研发的子课题中，科研人员需要利用蒙特卡罗方法来研究某种特殊材料的穿透作用——模拟中子对某种特殊材料的穿透作用，因此，这项研究也是与原子弹研发这一秘密工作有关的。课题负责人之一的 Neumann 采用摩洛哥一所著名的赌城来为该秘密工作命名，这座赌城的名字就叫“蒙特卡罗”。自此，蒙特卡罗便成了随机模拟方法的代号，这种命名方式有其独特的象征意义，因此也被广为流传。

各种网络都可以被看成是由一些节点按照某种规则连接在一起而构成的系统。现实生活中的许多现象都可以用数字来分析和衡量，从当前时刻去分析，它在将来的某个时刻的呈现是随机和不确定的。蒙特卡罗方法就是一种基于随机数的计算方法。它是现代计算技术的突出成果之一，在很多领域有着广泛应用。蒙特卡罗方法的本质是依据大量的随机模拟仿真，并采用概率论来探讨和解决问题的一种数值模拟方法。概率论和随机游走理论的许多进展都可以被看作蒙特卡罗方法的基础。

蒙特卡罗方法是一种具有自身特点的数值计算方法，在求解分数阶微积分的数值解法时，该方法可以解决某些特殊问题，如多维问题和离散复杂化问题。用蒙特卡罗方法解决问题时，首先要建立相关的概率统计模型，然后基于此模型产生符合相应规律的随机数，最后用产生的随机数进行数值模拟。

在现有的计算机模拟技术中，蒙特卡罗方法可以说算是最受欢迎的模拟方法了，它主要是运用产生随机数的方法，并且通过随机的方式模拟系统演变的动力学过程。蒙特卡罗方法和一般模拟方法的模拟机理是不同的。一般的模拟方法仅仅能模拟一些随机现象，此现象产生的结果是随机的、不确定的。然而，蒙特卡罗方法在进行数值模拟时，使用的模拟数据虽然是随机产生的，但是，该模拟方法解决的是确定性的问题。使用蒙特卡罗方法进行随机模拟并用它来解决实际问题时，通常包括建模、模型的改进、数值模拟等几个步骤。通过对模型的改进，能够减小误差、降低成本，再对模拟结果进行统计和数据处理，从而得到所求解的估计和精度（方差），目的是提高模拟计算的效率并求出问题的近似解。

7.4.2 蒙特卡罗数值模拟

针对本书第 3 章讨论的反常扩散问题，接下来对欠扩散和超扩散的现象进行数值模拟。当自由系统表现出欠扩散的行为时，即均方位移差 $<(x(t)-x_0)^2> \sim K_\alpha t^\alpha$

中的 α 取值为 $0<\alpha<1$，粒子的等待时间分布的一次矩是发散的，此时，自由系统的稳定态分布由等待时间的分布函数决定。本书采用的帕累托（Pareto）密度函数作为等待时间的分布函数

$$\omega(\tau)=-\frac{d}{d\tau}P_{\alpha}\left(\frac{\tau}{\tau_0}\right) \tag{7.82}$$

其中

$$P_{\alpha}\left(\frac{\tau}{\tau_0}\right)=\frac{1}{\left[1+\Gamma(1-\alpha)^{\frac{1}{\alpha}}\left(\frac{\tau}{\tau_0}\right)\right]^{\alpha}} \tag{7.83}$$

接下来用逆变换法对等待时间进行抽样，由于等待时间 $T\sim\omega(\tau)$，分布函数为 $P_{\alpha}\left(\frac{\tau}{\tau_0}\right)$，由逆变换法可得

$$T_i=\tau_0\frac{\xi^{\frac{-1}{\alpha}}-1}{\Gamma(1-\alpha)^{\frac{-1}{\alpha}}} \tag{7.84}$$

其中，ξ 为[0,1]区间上由均匀分布产生的随机数，通过算法实现可以得到 $\{T_i\}$。

对于跳跃步长满足的分布，要求跳跃距离的二次矩是有限的，这时自由系统的跳跃步长分布函数采用高斯函数，即

$$\lambda(x)=\frac{1}{\sqrt{4\pi\sigma^2}}\exp\left(-\frac{x^2}{4\sigma^2}\right) \tag{7.85}$$

通过变换抽样法对跳跃距离进行抽样，变换抽样法是在进行直接抽样时有困难的情况下产生的，需要借助中间函数来完成。如果 u、v 是两个均匀分布的独立随机变量，可以将它们变换为标准正态分布的随机变量

$$\begin{cases}x=2\sigma\sqrt{-\ln u}\cos(2\pi v)\\ y=2\sigma\sqrt{-\ln u}\sin(2\pi v)\end{cases} \tag{7.86}$$

由此得到，x、y 是服从标准正态分布的抽样值。

通过数值模拟生成一系列跳跃步长序列 $\{X_i\}$，画出相应的直方图和满足高

斯分布的概率曲线，并进行拟合，如图 7.19 所示。

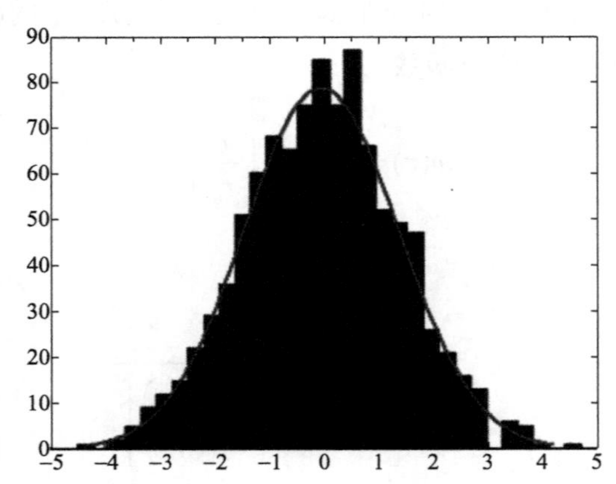

图 7.19　随机模拟直方图和满足高斯分布的概率曲线的拟合

如果系统表现出超扩散（ $1<\alpha<2$ ）行为，则要求平均等待时间是有限的确定值，而跳跃步长的方差是发散的，此时选择泊松函数作为等待时间的分布

$$\varphi(\tau)=\tau_0^{-1}e^{\left(\frac{-\tau}{\tau_0}\right)} \tag{7.87}$$

通过逆变换法对超扩散等待时间进行抽样，通过计算可得分布函数为

$$F(\tau)=1-e^{\left(\frac{-\tau}{\tau_0}\right)} \tag{7.88}$$

由逆变换法计算可知

$$T_i=-\tau_0\ln(1-\xi) \tag{7.89}$$

这里的 ξ 是在[0,1]区间上均匀分布的随机数。

对于跳跃距离满足的分布，在此依据 Lévy 分布函数，其渐进形式为

$$\lambda(\tau)=\sigma^u\frac{\Gamma(1+u)\sin\left(\frac{\pi u}{2}\right)}{\pi|\tau|^{1+u}},u=\frac{2}{\alpha} \tag{7.90}$$

接下来产生满足该分布的随机变量。

首先通过逆变换法产生一组辅助序列 $\{\xi_i\}$，其分布函数为 $F\{\xi\}$，它具有与

Lévy 分布相同的指数渐进行为

$$F(\xi)=\begin{cases}\dfrac{1}{2(1+|\xi|^{u})},\xi<0\\1-\dfrac{1}{2(1+|\xi|^{u})},\xi>0\end{cases}\tag{7.91}$$

根据辅助序列$\{\xi_i\}$，进一步处理得到$\{X_i\}$

$$X_i=\frac{1}{\alpha m^{u}}\sum_{j=1}^{m}\xi_j\tag{7.92}$$

其中

$$\alpha=\left[\frac{\pi}{2\Gamma(u)\sin\left(\dfrac{\pi u}{2}\right)}\right]^{u}\tag{7.93}$$

接下来进行算法实现，根据超扩散的等待时间序列$\{T_i\}$，画出其直方图和相应的满足指数分布的概率分布，并进行拟合，结果如图 7.20 所示。

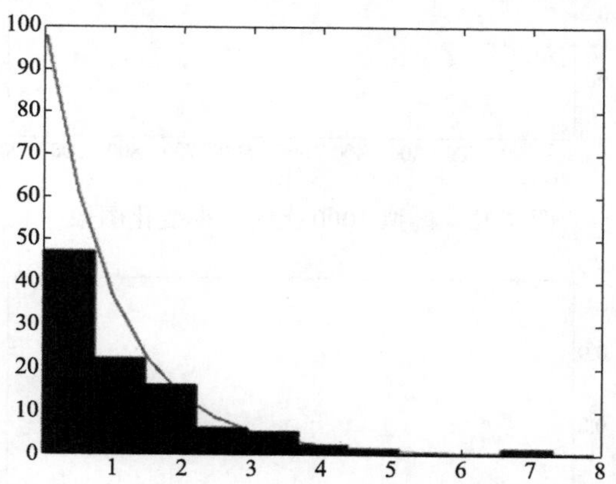

图 7.20　随机模拟直方图和满足指数分布的概率分布的拟合

下面通过一个具体实例来介绍。

我们知道，投硬币出现正面和反面是有一定概率的，接下来本书用蒙特卡罗方法来模拟这一过程，如图 7.21—图 7.23 所示。

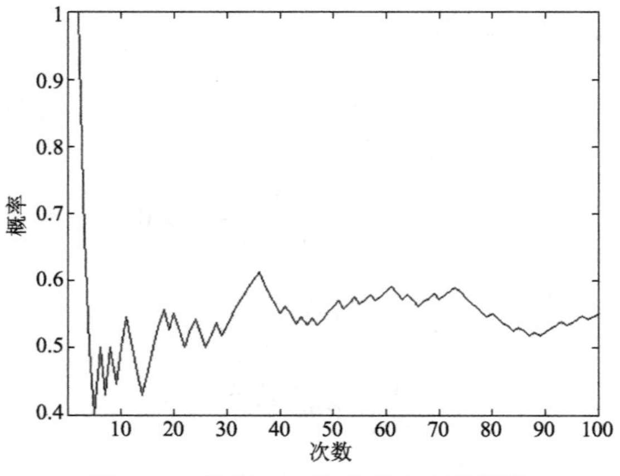

图 7.21 模拟 100 次的概率变化图像

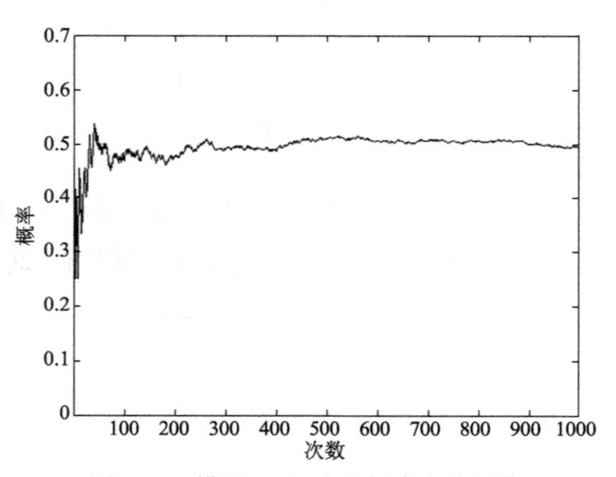

图 7.22 模拟 1000 次的概率变化图像

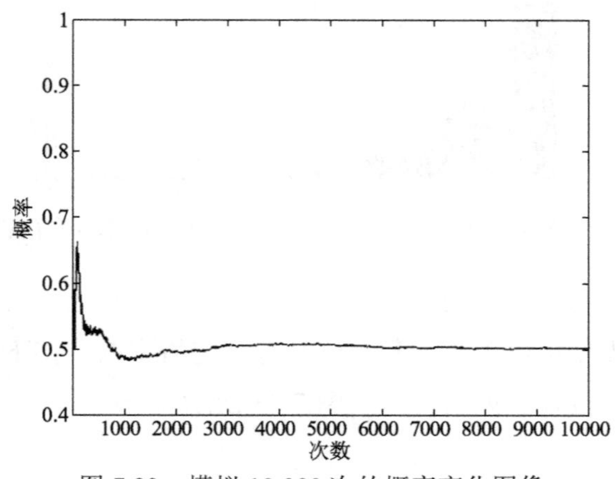

图 7.23 模拟 10 000 次的概率变化图像

从图 7.21—图 7.23 中可以看到，当投硬币次数 n 足够大时，出现正（反）面的概率是 0.5。在此，通过蒙特卡罗方法很好地数值模拟了投掷硬币这一现象。

在描述事物的随机性质和很多物理现象时，特别是很多物理实验很难甚至无法得到结果时，蒙特卡罗方法有其独特优势。此方法对过程的描述逼真，没有使用抽象、复杂的数学方程和表达式。在进行数值实验时，该方法更加形象和直观，算法的结构也比较简单，易于调试，而且受到的几何条件限制比较小，收敛速度与问题的维数无关，因此，该方法对于多维问题具有更好的适应性。

7.4.3　复杂系统中的动力学行为

互联网作为一个虚拟世界，人们在互联网上的行为与现实生活中的行为具有共性，研究人们在网络上的浏览规律同样非常重要，而且，因为互联网具有实时记录特点，人们在互联网上的行为特点必将会引起社会学、统计学、物理学等领域的广泛关注和不断探讨。

复杂网络是一个动态实体，其结构影响着复杂网络的动力学行为，同时，复杂网络的动力学行为也影响着其拓扑结构。动态链接和适应性是复杂网络结构的两大特性，也就是说，复杂网络的结构是动态的、实时变化的，而不是一成不变的。网络的演化虽然是随时间变化的，但也有一定规律可循。

从大量实证数据出发，分析和统计数据特征是对复杂网络进行研究的一种方法，并可以通过建立相应的网络模型，得到网络上的动力学行为特征。通过把复杂网络看成动力系统或在复杂网络中引入动力学，进一步研究网络拓扑结构对网络上的物理过程的影响，能够预测复杂网络系统的行为。

尽管复杂网络的理论尚不完善，但是，人们已经意识到复杂网络存在于现实世界的方方面面。关于复杂网络的传播动力学、网络导航问题、网络的鲁棒性等的研究，对网络的安全问题以及流行病和传染病的预防等领域都有一定的借鉴意义，是一项富有挑战性的研究，有一定的理论意义和应用价值。

7.5　本 章 小 结

复杂网络数值方法的研究对复杂网络搜索策略的改进具有重要意义。通过前面章节的研究可知，宏观上研究相关概率分布时需要数值求解相应的Fokker-Planck方程，但是，一般情况下很难得到该方程的解析解，因此，数值计算能够为本书的研究提供分析依据。

对于经典的发展方程的数值计算，计算量通常随时间呈线性增长。然而，随着时间的推移，非局部问题的计算量一般呈平方增长。研究表明，基于等分布原理选择网格点的计算量是线性增长的，即使是非局部问题。具体地说，由于积分核 $(t_{n+1}-\tau)^{\alpha-1}$ 在 $\alpha\in(0,1)$ 时衰减，衰减的次数为 $1-\alpha$；积分核 $(t_{n+1}-\tau)^{\alpha-1}-(t_n-\tau)^{\alpha-1}$ 在 $\alpha\in(0,2)$ 时衰减，衰减的次数为 $2-\alpha$，我们设计了等高节点分布法和等面积节点分布法求解与时间有关的分数阶微分方程，其阶数 $\alpha\in(0,1)$ 或 $\alpha\in(1,2)$。此算法通过伪代码给出详细描述，并给出了详细的误差估计。数值实验表明，在保持精度的同时，计算量随时间呈线性增长。

本章旨在探寻有效的数值模拟方法，从而提高实验的可能性和准确性。为此，本书讨论了蒙特卡罗数值模拟方法，这为以实际问题为背景抽象出分数阶微分方程求解提供了理论指导。近些年来，分数阶微分理论被引入并应用到图像处理领域，通过分数阶微分理论来增强二维图像信号中的复杂纹理细节特征等是有应用价值和数学意义的。有关分数阶微分方程的研究，不但在很多科学研究领域具有重要的理论意义，而且随着其他技术的发展和进步，分数阶微分理论还具有广泛的应用价值。

参 考 文 献

[1] 包景东. 反常统计动力学导论. 北京: 科学出版社, 2012.

[2] Zhou Y, Wang J R, Zhang L. Basic Theory of Fractional Differential Equations(2nd Ed). Singapore: World Scientific, 2014.

[3] Fan W P, Jiang X Y, Qi H T. Parameter estimation for the generalized fractional element network Zener model based on the Bayesian method. Physica A: Statistical Mechanics and its Applications, 2015, 427: 40-49.

[4] He J H. A tutorial review on fractal spacetime and fractional calculus. International Journal of Theoretical Physics, 2014, 53: 3698-3718.

[5] 白占兵. 分数阶微分方程边值问题理论及应用. 北京: 科学出版社, 2013.

[6] Ding X L, Jiang Y L. Waveform relaxation method for fractional differential-algebraic equations. Fractional Calculus and Applied Analysis, 2014, 17: 585-604.

[7] Huang C, Zhang Z M. Convergence of a p-version/hp-version method for fractional differential equations. Journal of Computational Physics, 2015, 286: 118-127.

[8] 刘发旺, 庄平辉, 刘青霞. 分数阶偏微分方程数值方法及其应用. 北京: 科学出版社,

2015.
[9] Xu M Y, Tan W C. Intermediate processes and critical phenomena: Theory, method and progress of fractional operators and their applications to modern mechanics. Science in China, 2006, 49: 257-272.
[10] Deng W H. Short memory principle and a predictor-corrector approach for fractional differential equations. Journal of Computational and Applied Mathematics, 2007, 206: 174-188.
[11] Deng W H. Numerical algorithm for the time fractional Fokker-Planck equation. Journal of Computational Physics, 2007, 227: 1510-1522.
[12] Diethelm K, Ford N J, Freed A D. A predictor-corrector approach for the numerical solution of fractional differential equations. Nonlinear Dynamics, 2002, 29: 3-22.
[13] Diethelm K, Ford N J, Freed A D. Detailed error analysis for a fractional Adams method. Numerical Algorithms, 2004, 36: 31-52.
[14] Magdziarz M, Weron A. Competition between subdiffusion and Lévy flights: A Monte Carlo approach. Physical Review E, 2007, 75: 056702.
[15] Meerschaert M M, Scheffler H P, Tadjeran C. Finite difference methods for two-dimensional fractional dispersion equation. Journal of Computational Physics, 2006, 211: 249-261.
[16] Ji C C, Sun Z Z. A high-order compact finite difference scheme for the fractional sub-diffusion equation. Journal of Scientific Computing, 2015, 64: 959-985.
[17] Zhao X, Sun Z Z, Karniadakis G. Second-order approximations for variable order fractional derivatives: Algorithms and applications. Journal of Computational Physics, 2015, 293: 184-200.
[18] Zeng F H, Li C P, Liu F W, Turner I. Numerical algorithms for time-fractional subdiffusion equation with second-order accuracy. SIAM Journal on Scientific Computing, 2015, 37: 55-78.
[19] Samko S, Kilbas A, Marichev O. Fractional Integrals and Derivatives: Theory and Applications. London: Gordon & Breach, 1993.
[20] Podlubny I. Fractional Differential Equations. New York: Academic Press, 1999.
[21] Zhao L J, Deng W H. Jacobian-predictor-corrector approach for fractional differential equations. Advances in Computational Mathematics, 2014, 40: 137-165.
[22] Diethelm K, Ford N J. Analysis of fractional differential equations. Journal of Mathematical Analysis and Applications, 2002, 265: 229-248.
[23] Ford N J, Simpson A C. The numerical solution of fractional differential equations: Speed versus accuracy. Numerical Algorithms, 2001, 26: 333-346.
[24] Diethelm K , Freed A D. An efficient algorithm for the evaluation of convolution integrals. Computers and Mathematics with Applications, 2006, 51: 51-72.
[25] Deng J W, Zhao L J, Wu Y J. Efficient algorithms for solving the fractional ordinary differential equations. Applied Mathematics & Computation, 2015, 269: 196-216.

第 8 章

基于 Tempered Lévy flight 的应用案例

8.1 动物的觅食行为

有关信息觅食的重要性，人们早已关注。19 世纪 70 年代，生态学家和人类学家提出了觅食理论（foraging theory），而且依据觅食理论对动物的觅食行为和觅食搜索策略进行了分析和探讨。动物在寻找食物的过程中，通过评估食物的热量和获得食物所需付出的代价来做出决策，从而选择最优的觅食策略，达到最优化的收益。根据评估的结果，动物决定是继续留在此地还是转到其他捕食地区进行觅食。

觅食是动物最常见的本能行为，地球上的各种生物都是以能量和营养作为维持生命的基本条件。食物是生命物质和能量的来源，是生物赖以生存的基本条件。动物在觅食前也会对觅食的地点和取食的类型等信息做出预估。在实际搜索过程中，它们还能够衡量事物的热量和获取事物所需要付出的代价，从而获得最大化收益。

8.1.1 无界区域上的动物觅食

人们一直试图探寻动物觅食的最好方式，尤其是在食物来源比较分散、食物分布不可预测的大自然生物环境中，动物是如何快速找到其所需要的食物的呢？在动物觅食的多种策略中，人们首先想到的是布朗运动。布朗运动描述的搜索策略在规定时间内搜索的范围是有限的，而且有很多重复的区域需要不断搜索。而另外一种搜索策略——Lévy flight 的移动方向是随机的，移动步长满足幂律分布。相关研究结果表明，动物觅食时大多采取 Lévy flight 搜索策略，这一搜索策略是对传统的基于随机游走方式的变异和有效改进。Lévy flight 是一种随机游走模式，在随机游走的过程中，短距离的探索性搜索和偶尔较长距离的随机游走交替进行，但捕食者也会实时根据当时的情形来分析自己周围的食物分布情况，当附近有丰足的食物时，它们会简单地进行不规则游走，或者进行布朗运动即可找到它们想要的食物。

科研人员对野生动物的研究发现，它们在觅食时采取的是 Lévy flight 搜索策略，但要想通过实验证实是一件比较困难的事情，到目前为止，对包括鲨鱼、青枪鱼（又称大马林鱼）和金枪鱼在内的 14 个海洋捕食者物种构成的一个大型数据集所做的一项分析就证明了这一点[1]。当生产力低下、食物稀少时，鱼类的行为服从 Lévy 分布，但是在生产力较高的生活环境中，它们采用的是布朗运动方式。

8.1.2　有界区域上的动物觅食

动物的觅食行为实际上是一种高效的随机游走过程，具有算法简单、高效、随机搜索路径优等特性。

通过对 Lévy flight 搜索模型的研究，人们发现在物理领域中和实际应用时，该模型的应用是十分有限的，主要是因为 Lévy flight 模型的概率密度函数的方差无限大，而且它的解析式适用的范围比较小。由于二阶矩的发散与否会从根本上影响网络的动力学过程，在此，考虑对 Lévy flight 进行“截断”。为什么要进行截断？本书主要是通过对模型的“截断”处理，使得模型能够更准确地描述现实物理现象，并且可以有效控制搜索区域，从而找到最优值。

目前，科研人员主要讨论的是 Truncated 和 Tempered 两类截断。Truncated 是指搜索到一定程度或者在限定边界和搜索步数的情况下，满足条件就停止搜索，而 Tempered 是对概率密度函数做一定的截断处理。例如，本书中分析和讨论的满足幂律的概率密度函数 $\psi(x)=x^{-1-\alpha}$ ，这个函数在 0 点处是发散的，也就失去了意义。因此，通过对该概率密度函数进行一定处理，使得 $\psi(x)=e^{-kx}x^{-\alpha}$ ，当 k 足够大时，e^{-kx} 近似等于 1，这一处理对函数值基本没有影响，但却从根本上保证了函数的性质。当 k 比较大时，控制的搜索区域较小；相反，当 k 比较小时，控制的搜索区域较大。参数 k 的引入有效地解决了搜索区域边界控制的问题，这为人们研究复杂网络搜索问题提供了便利。动物的觅食目标是食谱内的所有食物，这与人类的信息觅食（或者说是信息搜索）有很大不同，因为人类在觅食信息时，对所需要的信息了如指掌，是具有明确目标的搜索。也就是说，动物的觅食更具有随机性，有时候它们的搜寻目标甚至是不明确和盲目的。基于这一点，本书基于随机游走理论研究动物觅食是可行和可靠的。

8.1.3 Lévy flight 和 Lévy walk 的比较

Lévy flight 对于描述自然世界中的搜索和运动模型具有重要的作用。与 Lévy flight 相比，Lévy walk 更为接近实际物理问题，是对传统随机游走理论的推广。Lévy flight 考虑的是一个长跳跃过程，跳跃的等待时间是有限的，跳跃长度分布的二次距是发散的，而实际问题中的物理空间通常是有界的。因此，针对不同的问题，我们应该选择不同的随机游走模型，并且尽可能地取长补短。

例如，在湍流系统中，存在各种尺度的涡旋运动，粒子在每一个瞬时都有可能被任意尺度上的涡旋带动，从而产生随机飞行。在湍流系统里用到的扩散定律采用的是 Lévy walk 模型，如果不用 Lévy walk 而用以前的 Lévy flight 模型，是不可能真正解决扩散问题的，因为 Lévy flight 没有特征长度，无法进行观测。Lévy walk 恰好是在一个没有特征长度的概率问题的基础上加上一个条件概率，这个条件概率考虑了物理上的步长有限这一性质，使得扩散现象在整体上依然存在一个可观测的特征长度，并且它随时间的变化是可以计算的。

8.2 地震营救模型的建立

在我国，各种自然灾害、意外事件、突发状况时有发生，这会对人们的生产生活和社会发展产生影响以及使国家财产遭受损失，各国在地震中的罹难人数也是触目惊心的[2]。

开展灾后搜救工作的理论研究是一项非常有意义的工作。在关于地震应急搜救的理论研究和地震应急救援领域，美国、法国、荷兰、瑞士、德国等国的相关科学研究工作起步较早，并且取得了一定进展。我国针对搜救方案、搜救策略等开展的研究相对较少，起步相对较晚，这在一定程度上制约了震后搜救工作的开展。中国 1976 年的唐山大地震、2008 年的汶川大地震、2010 年的青海玉树地震、2014 年的新疆于田县地震，以及 2015 年美国阿拉斯加半岛发生的地震等，人类在这样恶劣的环境下获得及时救援是非常困难的。

地震对整个自然社会系统产生的破坏是多方面的，如交通通信系统、公共服务及能源供给等都有可能中断。地震发生后，如何搜寻生命迹象、确定具体位置、快速有效地实施搜救以挽回更多的生命，便成了一项十分紧迫和非常重要的工作。虽然相对于动物来说，人具有较好的计划性，但是，对于身处救援前线和险要环境中的救援队员来说，快速准确地确认被困人员的位置是比较困难的。因此，采用高效、可行的搜索策略是非常重要的，这关系到能否及时、高效地救出幸存者。

Tani 等[3]基于统计数据，考虑了存活率和逃生率，并与城市地理信息系统（geographic information system，GIS）相结合，构建了多自主体搜救模型。虽然搜索是一份计划性较强的工作，但是由于个体在搜索过程中会遇到各种无法预知的情形和突发情况，这无疑又会给搜索工作带来一定的不确定性。因此，将确定性事件和随机性进行有效结合对于搜索营救是大有裨益的。

在此进行模型的建立。以事故点（被困人员所在地）为搜寻目标，事故点是随机分布的，虽然当目标位置是随机且稀疏分布时，对于 N 个相互独立的探索者来说，Lévy flight 是比较理想的搜索策略，但是在应用 Lévy flight 时会受到一定的限制，其主要原因在于方差无限大，并且其解析式使用的范围较小。

已有研究指出，在目标随机分布的背景下，采用 Lévy flight 策略寻找目标具有较高的效率。因此，本书假设，搜救人员的搜索移动步长和时间是具有 Lévy flight 特性的。但是，由于 Lévy flight 有以上限制，在此根据前面章节提出的 Tempered Lévy flight 搜索算法进行改进。

在开展搜救工作时，搜救人员首先要对搜索目标进行评估和优选，以便提高搜索效率。地震现场的搜救目标人物除了有倒塌建筑物掩埋的受伤人员外，还有因交通阻断等因素被困的健康人员。因此，首先要对搜救目标进行分类，对于不同区域的搜救采取不同的策略。目标分类评估的前提是搜索分区，分区没有确定的标准，通常情况下是相关应急机构根据灾情和实际情况进行划分。对于受灾面积较大的区域，分区时主要考虑以下因素：地震破坏程度的空间分布、距离震中的位置分布、受灾人口的分布、硬件设施的破坏情况、灾后的航空或卫星遥感影像判读结果、救援队伍的人力因素等。

地震发生后，要根据以上因素快速模拟出受灾人员的分布情况，这样有利于救援人员明确搜索区域和工作范围，使其能在保持自身工作独立性的基础上又能与同伴积极合作。根据交通系统震灾情况，找到受灾人员并通过营救的最佳路径实施营救，同时，还要考虑救援现场到最近医疗中心的最佳路径，这就是典型的复杂网络的搜索问题。下文将据此建立模型，并分别从移动规则、合作机制等方面对该模型进行阐述。

8.2.1 移动规则

移动规则有如下三点。

1）如果搜救目标区域在可视范围内（以半径为 r 的圆形区域），搜救人员可以探测到目标并直接前往目标点进行营救。

2）如果目标位置不在可视范围内，搜救人员以恒定速度 v，按照均匀分布 $[0,2\pi]$随机选择移动方向，沿此方向移动距离 s 的概率密度函数服从幂律分布

$$\psi(s) \sim e^{-\lambda s} s^{-\alpha} \tag{8.1}$$

其中，$1 < \alpha \leqslant 3$。

3）当遇到障碍物和高大建筑物，或者在城市中心时，搜救人员是在东、西、南、北四个方向中进行选择（$s = vt$），S_i 表示两个障碍物之间的距离，随机移动方向示意图如图 8.1 所示。

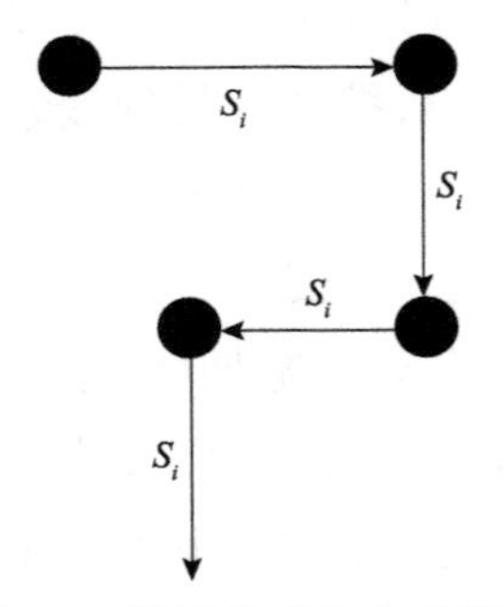

图 8.1 随机移动方向示意图

8.2.2　信息获取与共享

灾后现场往往情况复杂，且环境恶劣，为了提高搜索效率，对搜索区域进行合理的划分是非常必要的。另外，对完成搜救的区域做出相应的标识能够避免出现重复搜救现象，避免浪费人力、物力。在大规模地震搜救行动中，可以将整个震灾区域划分成若干个区域，在进行分区的基础上再将各个区域划分成若干块（图 8.2），并对划分的区域建立不同的优先级，然后根据优先级顺序，利用上述搜索方案依次进行搜索。

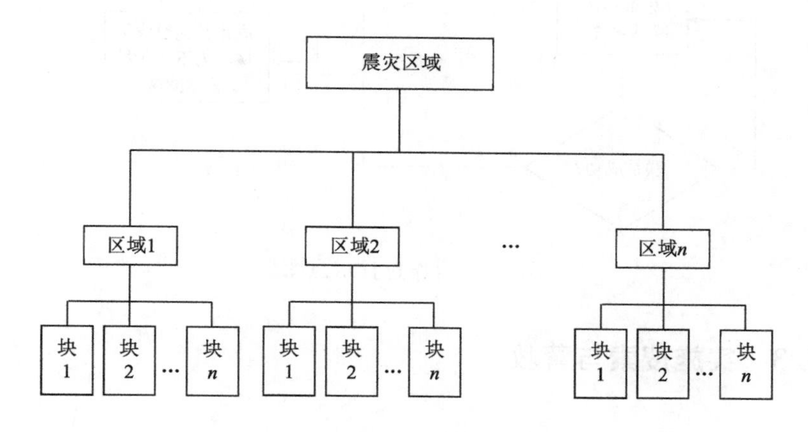

图 8.2　震灾区域划分示意图

除了对区域进行划分和标识外，救援人员还要积极获取有用信息，了解救援情况，同时，可以对信息的来源进行信度分级。通常情况下，人们认为救援人员分享的信息更可靠，另外，像政府相关部门人员和志愿者等提醒的一些事宜也比较可信。研究表明[4]，地震后的前 48 小时的搜救工作是十分重要的，超过这个时间，生命迹象消失的可能性就会急剧增加。因此，采用合理、有效、快速的搜救方法对被困人员进行搜救，可以达到事半功倍的效果。

信息的获取和分享会对地震后的营救工作起到非常重要的作用，这需要各部门和相关人员积极配合、相互协调。切实可行的方案也是实施高效营救的法宝。灾后营救工作时间紧、任务重，因此相关人员必须积极做出应急响应，从而有效地开展营救工作，减少人员伤亡和财产损失。图 8.3 是多方合作以及使用 Tempered Lévy flight 搜索算法进行搜救的示意图。

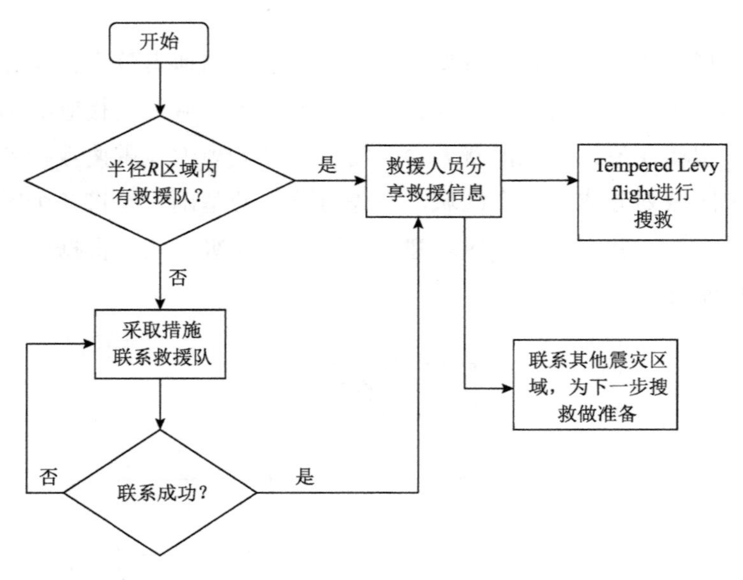

图 8.3　合作过程示意图

8.2.3　实施搜索与营救

地震发生后，救援的第一步是搜索工作，而在搜索之前必须要对受灾区域有较为全面的了解，包括对搜索场所的划分和界定、现场的指挥和处理等，根据合作机制实时掌握搜救进展情况，并做适当的标记，按照 Lévy flight 模型和改进的算法实施营救，这样才能构建良好的搜索环境，提高搜索效率。

只有保证每一个区域都有搜救人员搜索过，才能保证搜救的有效性。假定每个搜救队员的有效搜救半径为 R，这样在搜救过程中能够保证每个搜救人员都在以自己为中心、以 R 为有效搜救半径的圆之中进行搜救。为了更加充分地发挥搜救人员在搜救过程中的配合作用，本书讨论的是各个搜救人员一起合作搜救使得搜救范围达到最大而某些区域不会被遗漏掉或者是不会被重复搜索的探测。

图 8.4 介绍了具体的搜救流程，当然，各个模块之间是相互配合的。

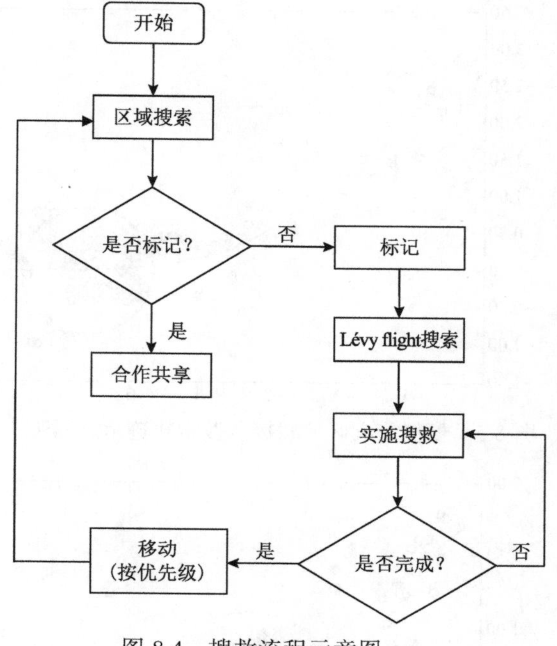

图 8.4　搜救流程示意图

8.3　地震搜救过程模拟

地震一直是人类历史上造成死亡人数最多的自然灾害之一，大多数遇难者是因为没有得到及时救援而死亡的。面对灾后一片狼藉的地震场面，人们进行搜索营救时往往无从下手，不知道哪个地方受困人数多，有时即使知道了受困区域，在进行实施搜索时也会面对很多困难。本书首先对灾后地震现场进行模拟，两次模拟效果如图 8.5 和图 8.6 所示。

具体的模拟过程如下。

1）首先，用函数曲线拟合受灾区域。

2）在一定区域内，求解函数的最优值。

3）在以最优值为圆心、以 R 为半径的区域内进行随机搜索，间或有大步长的搜索跳出圆形区域。

4）改变搜索区域，继续上一步。

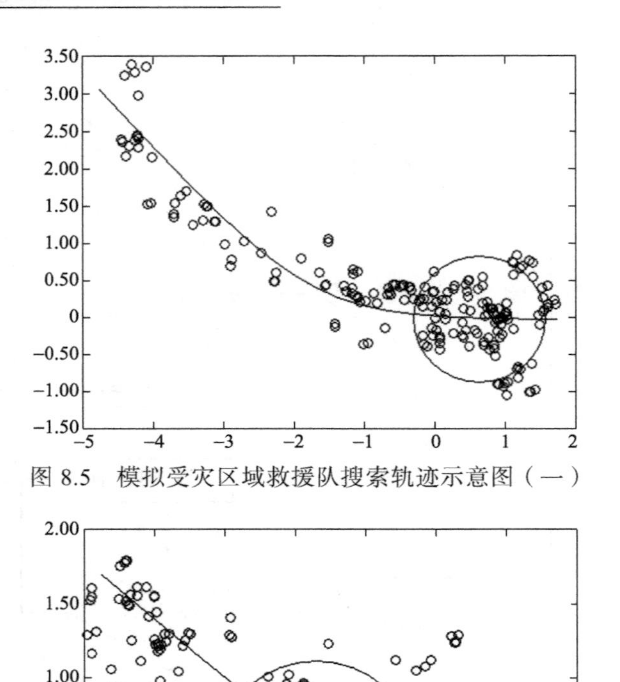

图 8.5　模拟受灾区域救援队搜索轨迹示意图（一）

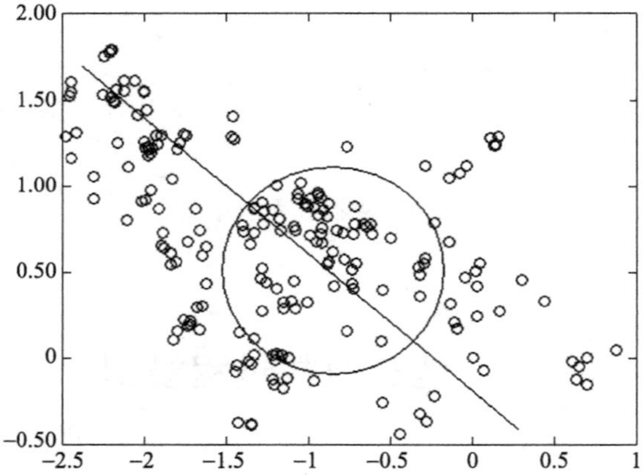

图 8.6　模拟受灾区域救援队搜索轨迹示意图（二）

对于图 8.6 所示的地震受灾情形，就可以考虑使用指数函数 $y = e^{-(x-x_0)-(y-y_0)}$ 并做相应的调整来模拟地震受灾区域，再通过求函数的极值（ x_0, y_0 ）来确定搜索进入点。当然，对有些拟合受灾区域的函数求极值是比较困难的，此时，本书中提出的改进的 Tempered Lévy flight 搜索算法就能发挥重要的作用。

本章所介绍的模型的建立过程和特点是直观易懂的。如果在模型中对某些数据做出些许轻微的改变，定量模型中的搜索范围和确定变量值（如搜救人员的多少、搜救范围的大小）后，运用简单的数学关系式，就会提高模型的灵活性和通用性，使模型能够适用于多种搜救任务，提高区域内的搜救覆盖率，可以将受灾地点内的各个未知目标加以明确化，提高搜救质量，改进后的模型还可以被运用于海面搜索、航天卫星搜索、身体扫描等方面。

8.4 本章小结

本章利用 Tempered Lévy flight 搜索算法，对震灾搜救方法进行了研究，并且考虑了合作机制，通过多种途径获得有用信息，以减少搜救工作的盲目性，减少搜救时间，改善救援效果。

参考文献

[1] Humphries N E, Queiroz N, Dyer J R M, et al. Environmental context explains Lévy and Brownian movement patterns of marine predators. Nature, 2010, 465(7301): 1066-1069.

[2] 胡卫建，尚红，司洪波等.我国应对大震巨灾应急救援装备的技术需求研究. 北京大学学报(自然科学版), 2010, 46(5): 844-850.

[3] Tani A, Yamamura T, Waridashi Y, et al. Simulation on rescue in case of earthquake disaster by multi-agent system. Proceedings of the 13th World Conference on Earthquake Engineering, Vancouver, 2004: 636-637.

[4] 尹贵. 震后救援连续体机器人研究浅析. 商情, 2013, (52): 368.

第 9 章

结论与展望

9.1 主要结论

9.1.1 复杂网络搜索方法

搜索是复杂网络中的一项基本功能，搜索方法的选取将直接影响搜索效率。衡量搜索算法的两个重要指标是搜索效率和节点上维护的信息量。然而，这两个指标通常是相互矛盾的。

日常生活中，人们常常发现，与我们相隔很“遥远”的人，其实离我们“很近”。小世界特性（也称小世界现象）就是对这一现象的数学描述，互联网、公路交通网等都呈现出小世界特性。另外，Barabási 和 Albert 在探讨互联网时发现，网络中各个节点之间的连接满足幂律分布，他们把这种具有幂律分布特性的网络称为无标度网络。现实生活中的很多复杂网络都具有小世界特性和无标度特性，可以说，小世界特性和无标度特性是复杂网络的两大基本和独特的性质。基于这两大性质，本书对复杂网络的搜索问题进行了深入分析和探讨，改进了相关模型和算法。

本书根据经典布谷鸟搜索算法，经过进一步研究，提出了一种新的改进的 Tempered Lévy flight 搜索算法，随后，通过几个经典函数测试表明，改进的搜索算法采用大小步长间或跳跃的方式，有效避免了陷入局部最优的情况，通过动态调整参数可以改变搜索区域，提高了其搜索精度，加快了搜索算法的收敛速度。此外，新的搜索算法还能够调整搜索范围，增加种群多样性，增强自适应效果，提高算法的整体性能。另外，本书还对改进的搜索算法的实际应用等问题进行了较为广泛的讨论。

本书根据复杂网络搜索策略研究的现状及存在的问题，从确定性和随机性两个方面着手，重点对复杂网络搜索模型进行深入研究，通过建立或构造网络模型来模拟真实网络的主要性态，同时对复杂网络搜索算法进行了深入分析和研究，提出了行之有效的复杂网络搜索策略，通过探寻有效的复杂网络搜索策略，从而提高复杂网络的搜索效率。

9.1.2　藏文网页搜索技术

本书从藏文网络的模型出发，根据藏文网络链接结构特性，阐述了基于 PageRank 的藏文网络搜索策略。PageRank 算法是最早并且成功地将链接分析技术应用到商业搜索引擎 Google 中的算法。它的基本思想是试图为搜索引擎所涵盖的所有网页赋予一个量化的价值度。每个网页被量化的价值通过一种递归的方式来定义，由所有链向它的网页的价值来决定。显然，一个被很多高价值网页所指向的网页也应该具有较高的价值。PageRank 算法实质上是一种通过离线对整个互联网结构图进行改进的幂法迭代方法。PageRank 所计算出的价值实际上是互联网结构图经过修改后的相邻矩阵的特征值，计算这些值的有效方法是进行若干次的迭代计算。因此 PageRank 算法能够很好地被应用到整个互联网规模的实践中。这种方法的另一个主要优点是所有的处理过程都是离线进行的，因此不会为在线的查询过程付出额外代价，但是该算法也有自身的局限性。

针对 PageRank 算法的局限性，本书提出了加速 PageRank 收敛的算法，引入了随机初始吸引度演化模型，分析了藏文信息搜索技术的研究现状，探讨了藏文分词方法、藏文聚类方法以及藏文网络的预处理等，并设计了藏文网络搜索引擎，为藏文网络搜索的后续研究提供了基础。

9.1.3　基于爬虫框架的搜索系统

本书通过使用 Scrapy 框架来实现爬虫系统，完成对既定爬取目标的爬取，并先后将数据存入 MySQL 数据库和 Elasticsearch 库中，实现了一种易于拓展的主题型爬虫，用 Elasticsearch 服务器搭建搜索引擎，完成字段索引，结合 django 框架搭建搜索网站，获取用户输入的检索内容并进行查询，之后以列表形式展示结果。经过测试，数据爬虫程序和搜索网站都能很好运行，但是还有以下需要改进的地方：①进一步增加数据爬虫的自动化，智能解决反爬虫限制；②将数据爬虫拓展到更多的网站上，增加数据的丰富性；③设计更加智能的搜索推荐算法，根据用户的兴趣推荐不同的搜索结果。

9.1.4 复杂网络动力学模型

本书讨论了布朗运动和反常扩散现象，采用数值方法分析了粒子的反常扩散行为，研究了连续时间随机游走模型的跳跃步长和等待时间的分布函数，根据更新理论研究了老化连续时间随机游走搜索模型，进而给出了相应的老化扩散方程，得到的老化扩散方程能够描述老化动力复杂系统。同时，本书还研究了概率密度函数随时间变化的分数阶 Fokker-Planck 方程，对该方程进行了稳定性分析，用预估-校正法来求解所得到的分数阶 Fokker-Planck 方程。此外，本书基于随机游走理论，分析了空间和时间耦合的随机搜索，讨论了 Lévy walk 的老化效应，并对随机游走的复杂网络搜索过程进行了数值模拟。

另外，本书通过建立的空间和时间耦合的随机网络搜索模型，分析了连续时间随机游走模型的老化扩散方程，并且将 Riemann-Liouville 意义下的 Fokker-Planck 方程转化为一个新的 Caputo 导数意义下的分数阶偏微分方程。通过有限差分方法对得到的新的分数阶偏微分方程进行空间离散，并用预估-校正法来求解所得到的分数阶微分方程。本书讨论了蒙特卡罗的数值模拟方法，探讨了复杂系统中的动力学行为，并且研究出一种加权的数值计算方法，这种方法可以有效地在有限域内求解分数阶波动方程，此外还详细讨论了具有齐次边界条件的双边空间分数阶波动方程，数值模拟结果表明，加权数值算法在齐次边界的空间和时间方向的二阶精度是收敛的，这为我们研究复杂网络搜索问题提供了理论依据。

9.2 展　　望

毋庸置疑，现实世界是一个确定性和随机性相统一的和谐世界。在充分考虑网络的小世界特性和无标度特性这两个基本特性的基础上进行联合建模并且力求精确求解，是非常具有挑战性和值得人们深入思考的课题，这将进一步增加复杂网络研究的实际应用价值。用于研究复杂网络的数值方法及其理论研究还有待完善，尤其是关于现实复杂系统以及高维情形还有待进一步的研究和探讨。目前关于复杂网络模型及其搜索的研究，尤其是藏文网络的搜索研究还主要停留在理论层面，如何将其应用于实际，帮助人们更好地解决实际问题，才是所有研究的终极目标。